元素の

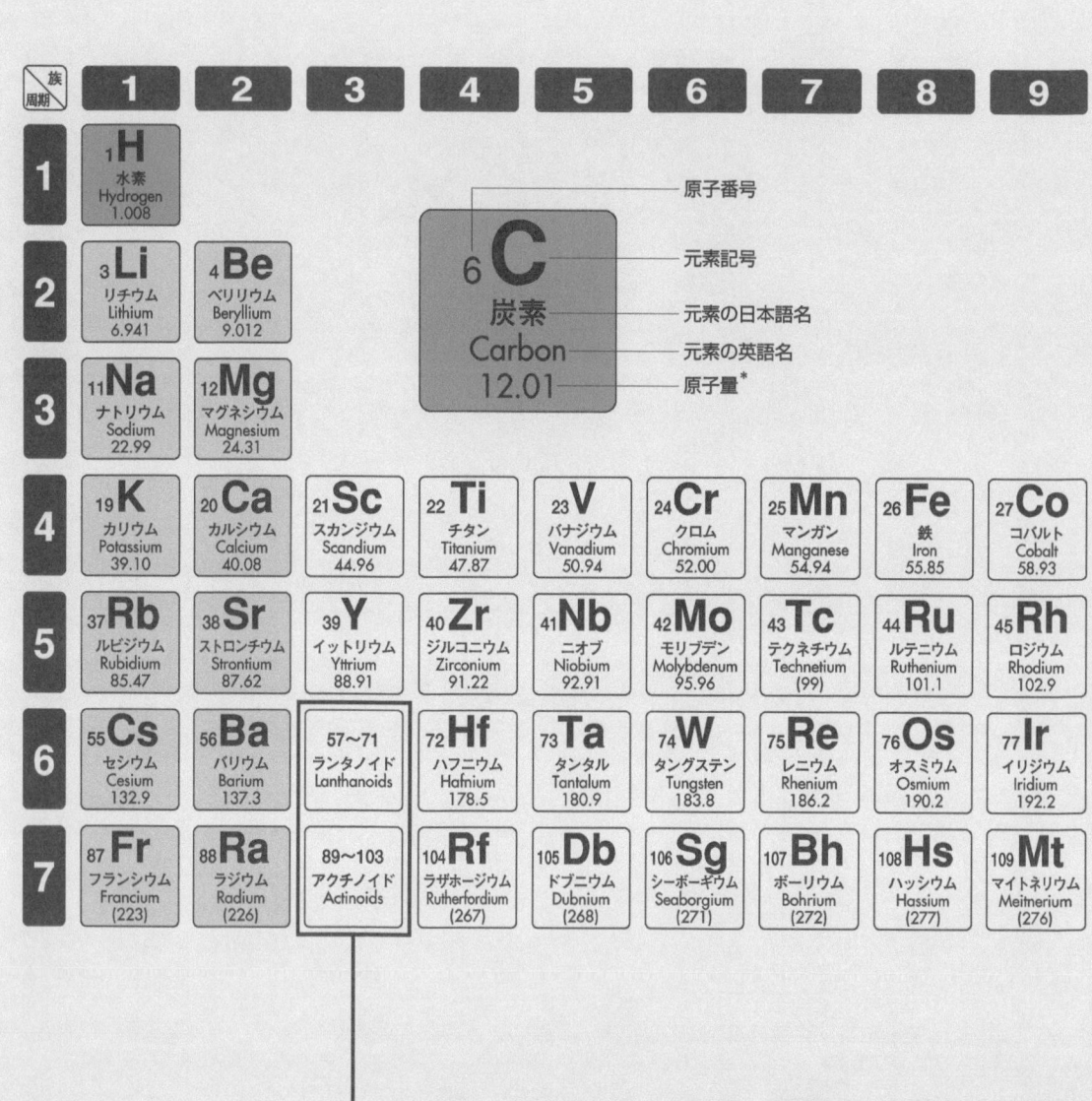

周期表

10	11	12	13	14	15	16	17	18
								2 He ヘリウム Helium 4.003
			5 B ホウ素 Boron 10.81	6 C 炭素 Carbon 12.01	7 N 窒素 Nitrogen 14.01	8 O 酸素 Oxygen 16.00	9 F フッ素 Fluorine 19.00	10 Ne ネオン Neon 20.18
			13 Al アルミニウム Aluminum 26.98	14 Si ケイ素 Silicon 28.09	15 P リン Phosphorus 30.97	16 S 硫黄 Sulfur 32.07	17 Cl 塩素 Chlorine 35.45	18 Ar アルゴン Argon 39.95
28 Ni ニッケル Nickel 58.69	29 Cu 銅 Copper 63.55	30 Zn 亜鉛 Zinc 65.38	31 Ga ガリウム Gallium 69.72	32 Ge ゲルマニウム Germanium 72.63	33 As ヒ素 Arsenic 74.92	34 Se セレン Selenium 78.96	35 Br 臭素 Bromine 79.90	36 Kr クリプトン Krypton 83.80
46 Pd パラジウム Palladium 106.4	47 Ag 銀 Silver 107.9	48 Cd カドミウム Cadmium 112.4	49 In インジウム Indium 114.8	50 Sn スズ Tin 118.7	51 Sb アンチモン Antimony 121.8	52 Te テルル Tellurium 127.6	53 I ヨウ素 Iodine 126.9	54 Xe キセノン Xenon 131.3
78 Pt 白金 Platinum 195.1	79 Au 金 Gold 197.0	80 Hg 水銀 Mercury 200.6	81 Tl タリウム Thallium 204.4	82 Pb 鉛 Lead 207.2	83 Bi ビスマス Bismuth 209.0	84 Po ポロニウム Polonium (210)	85 At アスタチン Astatine (210)	86 Rn ラドン Radon (222)
110 Ds ダームスタチウム Darmstadtium (281)	111 Rg レントゲニウム Roentgenium (280)	112 Cn コペルニシウム Copernicium (285)	113 Nh ニホニウム Nihonium (278)	114 Fl フレロビウム Flerovium (289)	115 Mc モスコビウム Moscovium (289)	116 Lv リバモリウム Livermorium (293)	117 Ts テネシン Tennessine (293)	118 Og オガネソン Oganesson (294)

典型金属元素
遷移金属元素
非金属元素

63 Eu ユウロピウム Europium 152.0	64 Gd ガドリニウム Gadolinium 157.3	65 Tb テルビウム Terbium 158.9	66 Dy ジスプロシウム Dysprosium 162.5	67 Ho ホルミウム Holmium 164.9	68 Er エルビウム Erbium 167.3	69 Tm ツリウム Thulium 168.9	70 Yb イッテルビウム Ytterbium 173.1	71 Lu ルテチウム Lutetium 175.0
95 Am アメリシウム Americium (243)	96 Cm キュリウム Curium (247)	97 Bk バークリウム Berkelium (247)	98 Cf カリホルニウム Californium (252)	99 Es アインスタイニウム Einsteinium (252)	100 Fm フェルミウム Fermium (257)	101 Md メンデレビウム Mendelevium (258)	102 No ノーベリウム Nobelium (259)	103 Lr ローレンシウム Lawrencium (262)

教養としての
基礎化学

身につけておきたい基本の考え方

馬場正昭 著

化学同人

まえがき

　理系文系を問わず，大学では一般教養科目として化学を学ぶ機会がある．この本は，化学を専攻としない学生にもぜひ身につけてほしい基本的な考え方や知識をまとめたテキストである．

　今日では，基礎化学は一般社会の常識となっていて，多くの人が分子や物質，化学反応に関する知識をもっている．現代の高度な社会は多様な物質をもとに成り立っており，ある程度の知識がないと安全快適で豊かな生活を送ることができないからである．

　ただし，それぞれの領域で数え切れないほど多くの物質が使われているので，それをすべて学んで理解するのは不可能である．そこでこのテキストにまとめたのは，物質あるいはそれを構成する原子や分子の基本的な性質，またそれを理解するための基礎的な考え方である．昨今では各々の物質について必要な知識はデータベースから得ることができ，いくつかの柱となるような考え方さえ理解しておけば，多くの化学物質を活用することができる．このテキストで学び，身につけてほしいのはその柱である．

　さらに，実際の物質を取り扱うときに必要なのが性質を表す数値であり，その数値を与えるのが数式である．各場面では必ず基本的な数式が出てくる．たとえば，原子量，化学結合エネルギー，水溶液の濃度，ペーハー値，反応熱などは，物質を取り扱うのにはなくてはならない数値である．数学が嫌いだからといって数式や数値を避けていては，実際に物質を取り扱うことはできない．このテキストでは，すべての人が学習する高等学校1年程度の数学を積極的に使って，化学の基礎を身につけることを目標としている．特に文系の学生にはすべてを理解するのは少し難しいかもしれないが，1つでも多くの数式とそれが与える数値を理解することにチャレンジしてほしい．多くの節では例題を設けて説明しており，また，各章の最後には演習問題を挙げてあるので，これを解いてみるとはるかに理解が深くなるであろう．

※

　化学物質は原子あるいは分子からできている．第Ⅰ部では，まず原子の基本的な性質について説明する．原子には多くの種類があって元素として分類しているが，化学的に活性であったり不活性であったり，それぞれに固有の性質をもっている．これを電子の配置，つまり原子がいくつの電子をどのような形でもっているのかをもとに整理してみる．それがまた，元素の周期律表のもとにもなっている．

　第Ⅱ部には，分子についての基本的な考え方がまとめてある．ここでは分子の形というものに注目し，いくつかの代表的な分子についてその性質を詳しく見てみる．多くの読者にはなじみのないであろう分子軌道という概念も紹介している．この分子軌道と分子にお

ける電子配置という視点から，分子あるいは物質の性質を考えてみる．

　第Ⅲ部は，物質の三態について考える．三態とは，気体，液体，固体のことで，1つの物質でも温度によって3つの異なる状態をとり，われわれは必要に応じてそれぞれの状態の物質を活用している．その三態の間の変化を構造相転移というが，なぜその変化が起こるのかを，分子がもつエネルギーと分子どうしが引き合う力のバランスによって理解する．物質の三態と構造相転移は化学物質の最もたいせつな基本のひとつである．

　最後の第Ⅳ部は，状態変化と化学反応を取り扱う．温度による三態間の状態の変化だけでなく，物質は圧力や他の物質との混合などによってもその性質に変化を生じる．その変化が大きくて化学結合自体の組み替えが起こることを化学反応とよんでいる．反応過程を理解するためには，反応熱やポテンシャルエネルギーなどの数値を知ることが重要であり，基本的な法則をもとにいくつかの反応について詳しく考えてみる．

※

　基礎化学を身につけるためには，基本を学んで考え，それを積み重ねることがたいせつである．私が行っている一般教養科目の講義は，それがきちんとできるように構成している．このテキストはその講義内容を参考にまとめてあるので，順に従って読み進んでもらえればよいが，予備知識がなくてもある程度理解できるように説明しているので，興味によっては前後しても問題ない．また，授業中にときどき，歴史的な背景や最近のトピックスを雑談として話していて，本書ではそれをコラムとして紹介した．気楽に化学の裏話を楽しんでもらえれば幸いである．

　最後になったが，このテキストをデザインし，出版のために多大な尽力を頂いた化学同人編集部の後藤南氏に感謝する．学問の長い歴史を持つ京都の地から，よい教科書をたくさん世に出したいという後藤氏の熱意によってこのテキストは生まれた．

2011年3月　著者

もくじ

まえがき *iii*

序 高度な近代社会では基礎化学が必要である

1. 物質の利便性と危険性 — ノーベルの憂い ……………… 2
2. 正確な値と数式の必要性 — 錬金術より理論化学 ………… 3
3. 環境問題での化学の必要性 — 地球を救う環境化学 ……… 4

■ 数学を使おう
● 数式・数値チェック
「数学を使おう」は，化学の学習に必要となる基本的な数学を解説したもの．また，「数式・数値チェック」は，本文中の重要な数式・数値をマージン欄で示したものである．

I部 原子の世界をのぞいてみよう

1章 原子核と電子
1.1 原子の構造 ………………………………………… 6
1.2 原子のサイズと重さ ……………………………… 8
1.3 電子の運動とエネルギー ………………………… 11
1.4 原子のスペクトル線とエネルギー準位 ………… 13
1.5 原子のエネルギー準位と電子軌道 ……………… 18
● 1章のポイントと練習問題 ………………………… 21
Column 元素と原子の違い *10*／フラウンホーファー線 *17*／波動関数と存在確率 *19*

2章 元素の周期律と電子配置
2.1 原子の電子配置 …………………………………… 23
2.2 不対電子の活性 …………………………………… 24
2.3 電子配置と周期律 ………………………………… 24
2.4 周期律表 …………………………………………… 26
2.5 原子価（化学結合の手の数）…………………… 27
2.6 イオン化ポテンシャルと電子親和力 …………… 29
2.7 代表的な原子 ……………………………………… 31
　(a) 水素とアルカリ金属 *31*／(b) ハロゲン *31*／(c) 不活性ガス *31*／(d) 窒素とリン *32*／(e) 酸素とイオウ *33*
● 2章のポイントと練習問題 ………………………… 33
Column オクターブ則 *27*／地球での元素の存在比は？ *30*／アルゴンの発見 *32*

3章 電子の軌道と波動関数
3.1 電子の軌道と波動関数 …………………………… 34

● 電子と陽子の質量 *6*
● 原子全体の電荷 *7*
● 原子の大きさ（ボーア半径）*8*
● MKS単位（長さ，重さ，時間）*8*
● ミクロの単位 *8*
● アボガドロ定数（モル）*10*
● クーロンの静電引力 *11*
● 遠心力 *11*
● 電子のエネルギー（運動エネルギー，ポテンシャルエネルギー）*13*
● 水素原子の電子のエネルギー *13*
● 光の振動数と波長 *14*
● スペクトル線の波長 *15*

● エレクトロンボルト：eV *29*

■ 数学を使おう「三角関数」*36*
$\sin\theta, \cos\theta, \tan\theta$

もくじ

■ 数学を使おう「指数関数」*38*
$y = 10^{ax}$ と $y = 10^{-ax}$
● 角度とラジアン *35*
● デカルト座標と球面極座標の変換 *37*
● 1s 軌道の波動関数 *39*
● 2p 軌道の波動関数 *42*

3.2 球面極座標 ……………………………… 35
3.3 球面極座標を使った波動関数 …………… 39
　　(a) 1s 軌道 *39* ／(b) 2p 軌道 *40*
3.4 炭素原子の混成軌道 …………………… 42
　　(a) sp³ 混成 *44* ／(b) sp² 混成 *44* ／(c) sp 混成 *45*
● 3章のポイントと練習問題 ……………… 47
Column 電子はいったいどこにいるの？ *40*
環境と化学　放射性元素の半減期 *43*

II部　分子の性質はなぜ違うのだろう

4章　化学結合のしくみ

■ 数学を使おう「線形結合」*53*
$y = c_1 x_1 + c_2 x_2 \cdots c_n x_n$
● 水素分子の分子軌道 *53*

4.1 化学結合の種類 ………………………… 50
　　(a) 共有結合 *50* ／(b) イオン結合 *50* ／(c) 金属結合 *51* ／
　　(d) 水素結合 *51*
4.2 共有結合のメカニズム ………………… 52
4.3 s 軌道と p 軌道の共有結合 …………… 54
4.4 p 軌道と p 軌道の共有結合 …………… 55
4.5 二重結合と三重結合 …………………… 56
4.6 化学結合のポテンシャルエネルギー …… 58
● 4章のポイントと練習問題 ……………… 60
Column σ結合とπ結合 *57*
環境と化学　空気を守ろう *58*

5章　分子の形

■ 数学を使おう「対称三要素（回転軸, 鏡映面, 対称心）」*62*

5.1 H₂O は二等辺三角形 …………………… 61
5.2 NH₃ は正三角錐 ………………………… 64
5.3 CH₄ は正四面体 ………………………… 66
5.4 H₃C−CH₃ には 2 つの形 ……………… 66
5.5 H₂C=CH₂ は前後上下左右対称 ………… 67
5.6 H₂C=CH−HC=CH₂ には 2 つの形 …… 68
5.7 C₆H₆ は正六角形 ………………………… 69
● 5章のポイントと練習問題 ……………… 71
Column 不斉炭素と対掌体 *65* ／フラーレンとカーボンナノチューブ *70*

6章　分子の振動と回転

■ 数学を使おう「バネの振動」*76*
$x = a \sin(2\pi t/\tau)$
● 熱量と絶対温度 *73*
● 気体分子の速さ（ボルツマン定数）*73*

6.1 原子核の運動 …………………………… 72
6.2 並進 ……………………………………… 73
6.3 振動 ……………………………………… 74
6.4 二原子分子の振動 ……………………… 75

6.5	エチレン分子の基準振動	77
6.6	CO_2 の振動と赤外線吸収	79
6.7	回転	80
6.8	H_2O 分子の回転	82
●6章のポイントと練習問題		84

Column 電子レンジと水の回転 *83*
環境と化学 CO_2 による赤外線吸収と地球温暖化 *81*

- 基準振動の数 75
- 力の単位（N, kgw）76
- テラヘルツ 77
- 赤外線の波長 79
- 光と電磁波 80
- 分子の回転数 82
- ギガヘルツ 82

III部 物質の状態を調べてみよう

7章 気体の性質

7.1	気体物質のモデル	86
7.2	ボイル-シャルルの法則	87
7.3	気体分子の衝突	91
●7章のポイントと練習問題		93

Column 圧力の単位 *90*

- ボイル-シャルルの法則 87
- ニュートンの運動方程式 88
- 分子量とモル 89
- 気体分子の衝突回数 91
- 気体の密度 91

8章 液体の性質

8.1	液体物質のモデル	94
8.2	液体物質の密度	95
8.3	分子どうしの引き合う力	96
8.4	液体の粘度と形の変わりやすさ	98
8.5	溶液と溶解度	99
8.6	水溶液中でのイオンの生成（酸性，アルカリ性）	101
8.7	ペーハー（pH）値	103
●8章のポイントと練習問題		106

Column 生理食塩水は 0.9% *102*
環境と化学 酸性雨と NO_x, SO_x *105*

■数学を使おう「対数」*104*
$\log x$
- 体積の単位 95
- 物質の密度 96
- レナード-ジョーンズポテンシャル 97
- 水のイオン積 103
- ペーハー（pH）値 105
- 酸性・アルカリ性 105

9章 固体の性質

9.1	固体物質の構造	107
9.2	結晶の構造	108
9.3	分子性結晶	112
9.4	非晶質	112
	(a) ガラス *112* ／(b) プラスチック *113* ／(c) セラミックス *115*	
9.5	固体の物性	116
	(a) 電気伝導 *116* ／(b) 磁性 *116* ／(c) 光学的性質 *117*	
9.6	液晶	117
●9章のポイントと練習問題		120

■数学を使おう「単位格子と格子定数」*109*

もくじ

Column 貴金属とレアアース *111* ／もっと光を *117* ／電気伝導性プラスチック *119*

環境と化学 ガラス瓶かペットボトルか徳利か *114* ／電球と蛍光灯と LED *118*

IV部 物質はどのように変化するのだろう

10章 状態変化

10.1 三態の間の変化 …… *122*
10.2 融解と沸騰と昇華 …… *123*
10.3 乱雑さと均一化 …… *126*
10.4 エントロピー …… *129*
10.5 ボルツマン分布 …… *129*
● 10章のポイントと練習問題 …… *133*

Column エントロピーの減少と仕事 *130*
環境と化学 氷は水に浮く *124*

■ 数学を使おう「順列と組み合わせ」 *127*
　nPm, nCm
● 階乗 $n!$ *128*
● 順列と組み合わせの数 *128*
● エントロピー *129*
● ボルツマン分布 *130*

11章 化学反応

11.1 化学反応の種類 …… *134*
　(a) 単分子反応 *134* ／(b) 二分子反応 *136* ／(c) 多分子反応 *136*
11.2 化学反応とエネルギー …… *137*
11.3 化学反応の速さ …… *138*
11.4 単分子反応と二分子反応の進み方 …… *140*
　(a) 一次反応 *140* ／(b) 二次反応 *141*
11.5 触媒 …… *142*
11.6 身近で重要な化学反応 …… *145*
　(a) 燃焼 *145* ／(b) 光合成 *146* ／(c) 水の電気分解と燃料電池 *147* ／(d) オゾンの分解 *148* ／(e) 発酵 *148*
● 11章のポイントと練習問題 …… *150*

Column アンモニア合成の触媒 *144*
環境と化学 クロスカップリング *149*

● O－H 結合 *135*
● 活性化エネルギーと反応熱 *138*
● アレニウスの式 *140*
● 一次反応 A→B *140*
● 燃焼反応 *145*
● 光合成 *146*
● 燃料電池 *147*
● アルコール発酵 *149*

12章 化学平衡

12.1 可逆過程と不可逆過程 …… *151*
12.2 ル・シャトリエの法則 …… *154*
12.3 気液平衡 …… *155*
12.4 酸塩基平衡 …… *156*
● 12章のポイントと練習問題 …… *159*

環境と化学 地球上での平衡とその移動 *157*

● 平衡定数 *152*

練習問題の略解 *161* ／さくいん *163*

序

高度な近代社会では基礎化学が必要である

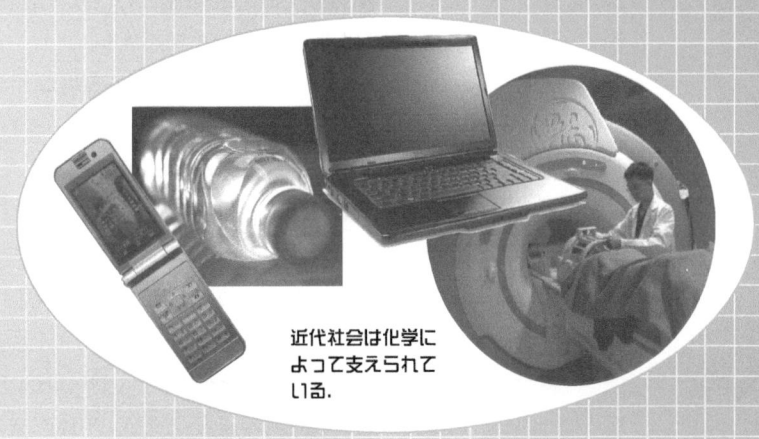

近代社会は化学によって支えられている．

　われわれが生きている現代社会は高い水準の科学に支えられていて，これを維持発展させていくには高度な知識と学術研究が不可欠である．そのなかでも重要なのが化学であるが，それはもちろん化学が物質を取り扱うための学問だからである．今の社会では数多くの人々が物質の開発，創成，処理にかかわり，おびただしい数と量の物質がつくり出され，使われ，捨てられている．これをうまくコントロールすることが，人間社会で最も重要な課題であることはまちがいない．その基本的な指針と実行する方法を示すのが基礎化学であり，多くの人がそれを学んで生かしていかなければならない．ここでは，まず，学習に入る前の序として，物質と社会の関係について問題を提起し，その解決のための化学の基本的な考え方をまとめておく．

1. 物質の利便性と危険性 —ノーベルの憂い—

化学物質というと，危ないとか，臭いとか，多くの人がネガティブなイメージを思い浮かべるであろう．しかし，それは数えきれないくらい多くの種類の物質のうちのごく一部であって，近代社会は長い年月をかけて研究開発された多様な化学物質によって支えられている．自動車や機械の骨格となる金属，医療に用いられるプラスチック，繊維，半導体，生体物質．気がつかないところで化学物質はわれわれの生活の基盤となっていて，長い年月をかけてそれぞれの物質に特有の利便性を最大限に生かせるよう工夫されてきた．しかしながら，その大きな力の一方で危険性というリスクが必ともない，そのいくつかがかなり深刻な問題となってきている．

18世紀後半，アルフレッド・ノーベルは，工事現場などでとても有用なダイナマイトを発明した．これは，ニトログリセリン（**図1**）という物質が主成分で，点火すると爆発的に分解反応が起こり，その力によって大きな物体を破壊するものである．当時は基礎化学が確立しておらず，これがどのような分子であるのかなどまったくわかっていなかったが，多くの知識の積み重ねと努力によって，取り扱いも比較的安全で，適度な威力の爆発が得られる物質がつくられるようになり，近代文明の発展に大きく貢献した．

ノーベルはこの発明により巨万の富を得たが，同時にその危険性を憂慮していた．大きな破壊力は恐ろしい兵器にもなるし，実際，彼の弟は事故で命を落とした．科学者であればすぐにわかることであり，科学者だからやらなければならないのは，このような不完全な研究で起こる事故や科学技術の悪用を未然に防ぐことである．そこでノーベルは，自らの資産を投げ打って科学の平和利用を謳った賞を設立した．それがノーベル賞であり，今でも毎年すぐれた学術基礎研究に贈られている．新しい化学物質をつくり出すのはもちろん利便性のためであるが，そこには必ず危険性をはらむ．実際，歴史的にも，たくさんの化学的な事故や薬害が起こっている．これからは，多くの人が化学の基本的な考え方を身につけ，原因を深く考察することによって問題を解決していかなければならないだろう．

● 図1 ニトログリセリン分子の構造

2. 正確な値と数式の必要性 ―錬金術より理論化学―

　現代の化学は17世紀ごろに錬金術から派生したものである．錬金術はどこにでもある鉄や銅などから高価な金や銀をつくり出そうという試みで，一攫千金を夢見た人たちが多くの時間と労力を費やした．今では化学をきちんと勉強したらそんなことは不可能であることくらいすぐにわかる．学問がいかにたいせつかを示すよい例である．ただ，金や銀が合成できなくても社会としての弊害はほとんどない．しかし，近代社会では多くの新しい化学物質が使われていて，安全な使用と廃棄処理にはきちんとした理論に基づいた知識が不可欠である．重大な危険性をもつ物質に対して錬金術のようなことをしていてはたいへんなことになる．そういう意味でほんとうに必要な化学とは，便利とか，むだとか，重要だとか，危ないとかという漠然とした知識ではなく，正しい理論と数式に立脚し正確な数値データに裏づけされた理論化学である．

　たとえば，水酸化ナトリウム1モル（40 g）と塩酸1モル（36.5 g）を混ぜると，

$$\text{NaOH} + \text{HCl} \longrightarrow \text{NaCl} + \text{H}_2\text{O} + 24 \text{ kcal/mol}$$

の反応が起こって24 kcalの熱が出る．1 calの熱は1 mLの水の温度を1℃だけ高くするので，この反応を100 mLの水の中で起こすと温度が200℃以上になり，急激に沸騰する．ボイル–シャルルの法則 $PV = nRT$（p.87参照）によると，液体の水は気体の水蒸気になると1気圧の圧力では体積が100倍になり，容器を密閉していると爆発する．これを知っておけば，たとえば，酸とアルカリの中和反応による予期せぬ事故を防ぐことができるのである．

　このように，数式と数値による裏づけは化学にとってはとてもたいせつなことである．われわれ一人一人が，文系・理系の区別なく，数学・物理学を含めた学問の基礎を身につけなければならない．最近は若い世代の興味関心が変わり，特に数学や物理学を深く学ぶ人が少なくなっている．しかしながら，われわれの社会が高度になればなるほど，正確な数値を求めるために，このような基礎的な学問が重要となる．基礎が大切なのは化学でも同じであり，物質の性質について数式を使ってきちんと考え，正確な数値をもとに化学物質を使っていくように心がけなければならない．これがほんとうの意味の理論化学，基礎化学である．

3. 環境問題での化学の必要性 —地球を救う環境化学—

　地球温暖化の原因は二酸化炭素，酸性雨の原因は自動車や工場の排気ガス，オゾンホールの原因はフロンガスである．今問題となっている環境問題はすべて，地球規模で化学物質を制御することが解決の鍵となっている．人類にとって深刻なこれらの課題は，化学によってしか解決することができない．そして，すべての場合において化学物質の量をいかに一定に保つか，バランスが崩れて量が変化したときにいかにしてそれを元に戻せるかが重要なポイントである．

　もうひとつの深刻な問題がエネルギーである．われわれは，石油，石炭，天然ガス等の化石燃料を燃やして動力や電気というエネルギーを得ている．もともと地下にあった物質を燃やして熱に変えているわけだから，地球表面での熱収支のバランスは崩れる．加えて，二酸化炭素の排出もあってそれが太陽の赤外光を吸収して温度が上がる．1gの二酸化炭素分子がすべて1回赤外光を吸収すると5kcalの熱量になる．気体の二酸化炭素は，1気圧の空気中では酸素分子や窒素分子と1秒間に10億回くらい衝突しており，そのたびに熱のやりとりをするので，瞬く間に空気全体が温まってしまう．

　逆に，この二酸化炭素からわれわれが生きるのに必要な酸素をつくり出しているのは植物である．太陽光のエネルギーを巧みに使って

$$6H_2O + 6CO_2 \longrightarrow C_6H_{12}O_6 + 6O_2$$

の化学反応で酸素とブドウ糖を合成している（これを光合成という）．つまり，二酸化炭素はわれわれにとってなくてはならない物質であり，問題は適当な量（空気の0.03〜0.04％）をいかにして保つかということである．

　原子力発電等のエネルギー問題も同じであるが，これにはさらに放射性廃棄物の処理という未解決の問題も絡んでいる．一度放射性物質に汚染されたら，気が遠くなるほど長い間，元には戻らない．

　ほかにもまだまだ深刻な問題が残されていて，そのいくつかは特にかかわりの深い事柄のところで「環境と化学」というコラムにまとめておく．どの課題でも特効薬ともいうべき有効な解決策は今のところ見つかっていない．環境というと，コストがかかるとか技術的に難しいという理由で敬遠されがちであるが，人間をはじめあらゆる生命が快適に生活できるような地球環境を守っていくことは，今のわれわれにとって最も重大な課題ではないだろうか．基本を学びながらぜひ考えてほしい．

I部
原子の世界をのぞいてみよう

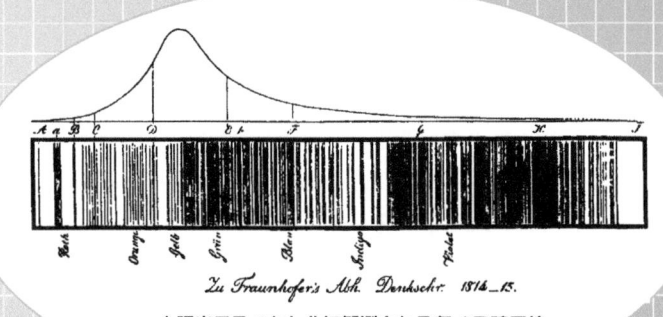

太陽光のスペクトルに観測される多くの暗黒線（フラウンホーファー線）．

　物質の材料は原子である．空気，水，油，プラスチック，繊維，金属，セラミックス，タンパク質．数えきれないほど多くの化学物質があるが，それらはすべて，多くの原子の集まりである．物質を知ろう，うまく取り扱おうとすると，まずは原子の構造と性質を知らなくてはならない．原子の種類を，もうこれ以上分けられない物質の単位という意味で元素とよぶ．その性質は原子番号とともに周期的に変わり，いくつか似ているグループがあって元素の周期律とよばれている．原子は原子核と電子から構成されており，その電子に許されるエネルギーは決まっていて特定の"とびとび"の値をとる．これをエネルギー準位という．その各準位に電子がどのように配置されるかで原子の性質が決まるのである．さらに，エネルギー準位にはそれぞれに固有の電子の軌道がある．これは電子がもつある種の波だと考えられるが，それをきちんと理解するために，波動関数という数式が必要になる．

1章 原子核と電子

原子は，プラス（＋）の電荷をもつ原子核とマイナス（－）の電荷をもつ電子によって構成されている．原子核の重さは電子の数千倍である．原子核のもつ電荷の量と電子の数は比例していて，原子全体では電気的に中性になっている．この章ではまず原子の構造とエネルギー準位について説明し，それが光の吸収と発光で調べられることを示す．

1.1 原子の構造

原子は1つの**原子核**といくつかの**電子**によってできている．原子核は＋の電荷をもち，その周りを－の電荷をもった電子がくるくる回っていると考えてよいだろう（**図1-1**）．

電子は 0.9×10^{-30} kg の質量をもつ．その電荷（電気量）は -1.6×10^{-19} C（Cはクーロンという電荷の単位）であり，この値を電気素量 $-e$ で表す．

原子核は，1.7×10^{-27} kg の質量（電子のおよそ2000倍）をもつ**陽子**（proton）と，ほぼ同じ質量の**中性子**（neutron）によってできている．陽子は＋の電気をもち，その電荷は電子と同じ $+e$ であるが，中性子は電荷をもたない．原子核に含まれる陽子の数は原子によって決まっていて，これを**原子番号**（Z）という．したがって，原子核のもつ電荷は $+Ze$ となり，電荷の大きさは原子番号に比例する．

> ● 数値チェック ●
>
> **電子と陽子の質量**
>
> 電子の質量
> $m_e = 0.9 \times 10^{-30}$ kg
>
> 陽子の質量
> $m_p = 1.7 \times 10^{-27}$ kg

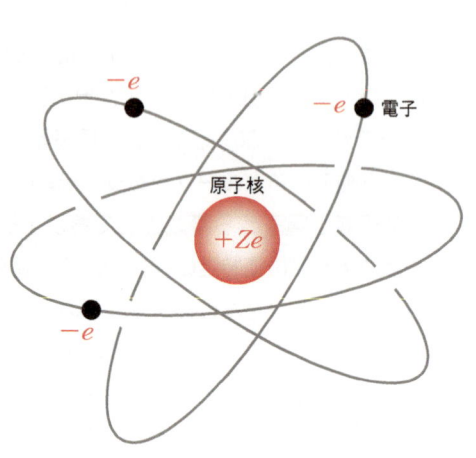

● 図1-1　原子の構造

◆ 表 1-1 原子番号と元素記号

原子番号	元素名	元素記号	原子量
1	水素	H	1.008
2	ヘリウム	He	4.003
3	リチウム	Li	6.941
4	ベリリウム	Be	9.012
5	ホウ素	B	10.81
6	炭素	C	12.01
7	窒素	N	14.01
8	酸素	O	16.00
9	フッ素	F	19.00
10	ネオン	Ne	20.18

表1-1は，原子番号が1番の水素から10番のネオンまで，各原子の元素名と元素記号をまとめたものである．最も簡単な元素は水素で，その原子核は陽子1個だけである．それぞれの原子には元素記号がついていて，たとえば水素はH，ヘリウムはHe，炭素はCである．

➡ p.10，コラム「元素と原子の違い」参照

通常，原子は原子番号と同じ数の電子をもっていて，すべての電子の電荷を合わせると $-Ze$ になるので，原子全体としては電気的に中性となる．

水素原子には電子が1個ある．しかし，放電などによって大きなエネルギーが与えられるとこの電子がなくなって $+e$ の電荷をもつようになる．これを水素原子イオンとよび，H$^+$ と書き表す．H$^+$ は陽子そのものなので，しばしばプロトンとよばれる（**図1-2**）．一般に，原子には $+e$ の電荷をもつ陽子と同じ数（原子番号と同じ）だけ $-e$ の電荷をもつ電子があり，電気的には中性になっている．しかし，電子の数が変わって電荷をもつようになった原子イオンも多く知られている．電子の数が少なくなって＋の電荷をもつものを**陽イオン**，電子の数が増えて－の電荷をもつものを**陰イオン**という．H$^+$ は陽イオンである．

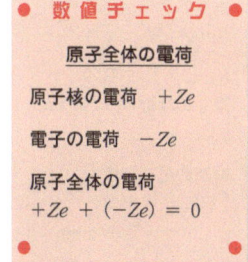

● 数値チェック ●
原子全体の電荷
原子核の電荷 $+Ze$
電子の電荷 $-Ze$
原子全体の電荷
$+Ze + (-Ze) = 0$

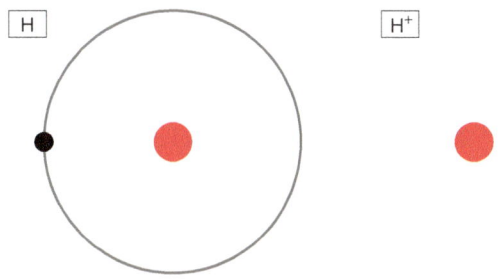

● 図 1-2 水素原子 H と水素原子イオン H$^+$
●は陽子，●は電子．

1.2 原子のサイズと重さ

水素原子の電子は原子核の周りを回っているが，その半径はおよそ 50 pm（ピコメートル，1 pm = 1×10^{-12} m）である．これを，**ボーア半径**（a_0）という（正確には $a_0 = 5.29\times10^{-11}$ m）．1 m の 1000 分の 1 が 1 ミリメートル（1 mm），その 1000 分の 1 が 1 ミクロン（1 μm = 1×10^{-6} m），その 1000 分の 1 が 1 ナノメートル（1 nm = 1×10^{-9} m），そのまた 20 分の 1 だと考えると a_0 の小ささを実感できるだろう．原子核の大きさはこれよりはるかに小さいが，電子が回っている領域には他の原子は入れないので，実質このボーア半径が水素原子のサイズだと考えてよい．もちろん，あまりにも小さいのでこれを実際に見た人は誰もいないが，化学結合や結晶の構造からこれを確かめることができる．原子番号が大きくなるにつれて電子の数が増えると，ボーア半径より大きな回転半径で運動する電子を含むようになって，原子のサイズは大きくなる．

電子の質量は原子核のおよそ 2000 分の 1 と小さく，ヒトとひよこくらいの差がある．原子全体の質量は原子核と電子の質量の総和であるが，近似的に原子核の重さがそのまま原子の重さだと考えてよい．

原子核は $+e$ の電荷をもつ陽子と電荷をもたない中性子でできている．陽子と中性子の質量はほとんど同じである．陽子の数は原子番号と同じである．中性子の数もほぼ原子番号と同じである．たとえば炭素原子は陽子 6 個と中性子 6 個を含んでいる．陽子と中性子の数を合わせたものを**質量数**といい，当然，質量数は整数となる．原子の質量は近似的に質量数に比例する．

同じ元素でも中性子の数が違ういくつかの原子が存在していて，これを**質量同位体**という．少し複雑なので，混乱をさけるために原子番号と質量数がわかるような原子の表記法が用いられる（図 1-3）．この方式では元素記号の左下に原子番号を，左上に質量数を添えてある．原子番号は元素ごとに決まっているので省略されることもある．

たとえば水素を見てみよう．水素には，原子核が陽子だけの質量数 1 の水素 $^{1}_{1}$H と，中性子を 1 個もっている質量数 2 の重水素 $^{2}_{1}$H という 2 つの質量

数値チェック

原子の大きさ

ボーア半径
$a_0 = 5.29\times10^{-11}$ m

水素原子はボーア半径のサイズの球だと考えてよい．

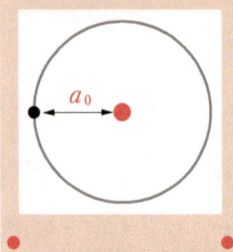

数値チェック

MKS 単位

長さ，重さ（質量），時間に対しては基本的に次の単位を用いる．

長さの単位（メートル）
1 m = 100 cm
 = 1000 mm

重さの単位（キログラム）
1 kg = 1000 g

時間の単位（秒）
1 sec = 1/60 min
 = 1/3600 hour

これらをまとめて，MKS 単位という．

数値チェック

ミクロの単位

1 mm（ミリメートル）
 = 10^{-3} m
1 μm（ミクロン）
 = 10^{-6} m
1 nm（ナノメートル）
 = 10^{-9} m
1 pm（ピコメートル）
 = 10^{-12} m

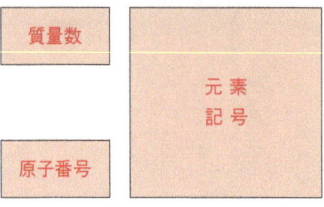

水素（H） $^{1}_{1}$H
重水素（D） $^{2}_{1}$H

〈天然存在比〉
H：D = 1：0.00015

● 図 1-3　原子の表記法

同位体が存在する．重水素は英語でdeuteriumというので，D原子と表されることが多い．重水素の割合は非常に小さく，現在の地球上では0.015%である．この比率を用いて，ある元素について原子の質量の平均を出したものが**原子量**であり，原子量の正確な値は**表1-1**にまとめてある．

炭素では，質量数が12の通常の炭素原子のほかにカーボンサーティーンとよばれる質量数13の炭素原子があって，その天然存在比は${}^{12}_{6}C:{}^{13}_{6}C = 99:1$である．

したがって，その平均は

$$12 \times 0.99 + 13 \times 0.01 = 12.01$$

となり，これが炭素の原子量になっている．

例題 1.1

塩素の同位体の比率は，${}^{35}_{17}Cl:{}^{37}_{17}Cl = 3:1$である．塩素の原子量を求めよ．

解答

原子量はすべての質量同位体の平均である．塩素原子では，35の質量数のものが$\frac{3}{4}$，37の質量数のものが$\frac{1}{4}$混じっているので，その平均は

$$35 \times \frac{3}{4} + 37 \times \frac{1}{4} = 35.5$$

になり，これが塩素の原子量になる．

この原子量から原子の単位数あたりの重さを計算することができるが，その単位としてよく用いられるのが6×10^{23}個の原子の集団である．これを**1モル**（1 mol）とよぶ．モルを使うと原子量がそのままグラム単位で計算できる．

例題 1.2

1 gの水素原子の数はいくつになるか？

解答

質量数が1の水素原子の質量m_Hは，近似的に陽子の質量と考えてよいから，$m_H = 1.7 \times 10^{-27}$ kgである．これがN個集まって1 gになったとすると，次の式が成り立つ．

➡ p.6「数値チェック（電子と陽子の質量）」参照

$$N \times m_H = 1 \times 10^{-3}\,\text{kg}$$

この両辺を m_H で割ると

$$N = \frac{1}{1.7 \times 10^{-27} \times 10^3} \approx 6 \times 10^{23}$$

したがって，1 g の $^1_1$H の水素原子の数は，6×10^{23} 個になる．

この 6×10^{23} 個という数値を**アボガドロ定数**とよび

$$N_A = 6 \times 10^{23}\,\text{mol}^{-1}$$

というように表す．mol^{-1} というのは，「1 モルあたり何個」という意味である．1 モルの物質の重さは，原子量あるいは分子量をそのままグラム数にした値になるのでとても便利である．たとえば，1 モルのヘリウムガスの重さは 4.003 g である．化学物質を使うときの量の基準としてモルはよく使われるので覚えておくと便利である．

● **数値チェック** ●
アボガドロ定数
$N_A = 6 \times 10^{23}\,\text{mol}^{-1}$
6×10^{23} 個の原子や分子の集団を 1 モル（1 mol）という．

考え方のヒント
原子量と 1 モルの関係
6×10^{23} 個の原子の重さ（グラム単位）が原子量である．1 モルのヘリウムガスの重さは原子量 4.003 をグラム数にした 4.003 g であるから，逆に 4.003 g のヘリウムガスには 6×10^{23} 個の原子が含まれているということである．

元素と原子の違い　Column

　原子（atom）が小さな原子核とその周りを回っている電子によってできていること（**図 1-1** 参照）を初めて示したのはラザフォードでした（1911 年）．ラザフォードは元素の崩壊と放射性物質の化学で 1908 年ノーベル化学賞を受賞したのですが，その内容は「元素は放射線を出すことで他の元素に変わっていく」というものでした．その後も研究を続け，放射線の散乱の実験から原子核を発見し，元素が変わっていくのを，原子核が変わっていく，つまり陽子の数が減っていくことで説明しました．世紀の大発見です．

　しかし，これよりずっと前に，物質はそれ以上は分けられないいくつかの基本単位によってできていることはわかっていて，それを「元になる物質の素」という意味で**元素**（element）とよんでいました．たとえば，水素，酸素，窒素，炭素などで，空気は酸素と窒素からなっていることはかなり古くから知られていたようです．その後，物質は数えきれないくらい多くの原子からできていると考えられるようになり，ラザフォードの研究で，元素の種類は原子核の種類と電子の数で決められていることがわかったのです．というわけで，元素と原子は種類は同じなのですが，特に物質を区別する目的で，「元素の周期律表」というように元素という言葉を使っています．

アーネスト・ラザフォード（1871 〜 1937）

1.3 電子の運動とエネルギー

　地球が太陽の周りを回っているのと同じように，電子は原子核の周りを回り続けている．電子には，$+e$ の電荷と $-e$ の電荷の間に働く電気的な引力と，重さをもつ粒子の回転運動による遠心力が働き，この 2 つがつり合っているから常に一定の周回運動を続けていると考えられる（**図 1-4**）．

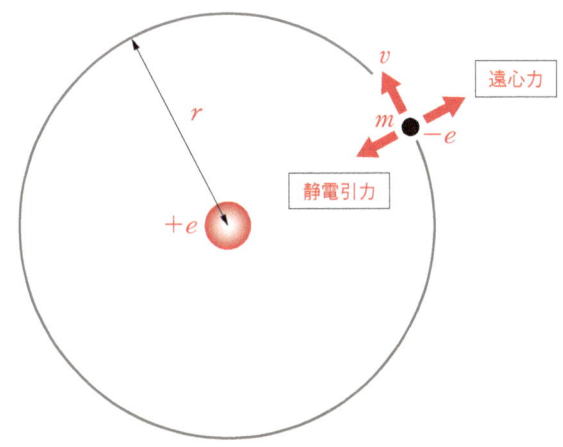

● **図 1-4　水素原子の電子に働く力**

　+ の電荷をもつ粒子と − の電荷をもつ粒子の間に働く電気的な引力を**クーロンの静電引力**という．水素の原子核（電荷 $+e$）と電子（$-e$）の間の引力 F_c は

$$F_c = k\frac{e^2}{r^2} \qquad (式1\text{-}1)$$

で表される．これだけだと電子は原子核にいずれ引き寄せられてしまうが，周回運動している電子には遠心力 F_R が働き，その大きさは

$$F_R = \frac{mv^2}{r} \qquad (式1\text{-}2)$$

で与えられる．ここで，m は電子の質量，v は速度，r は周回運動が円運動だと考えたときの回転半径である（**図 1-4**）．この 2 つの力がつり合っているのだから，（式 1-1）と（式 1-2）より

$$k\frac{e^2}{r^2} = \frac{mv^2}{r}$$

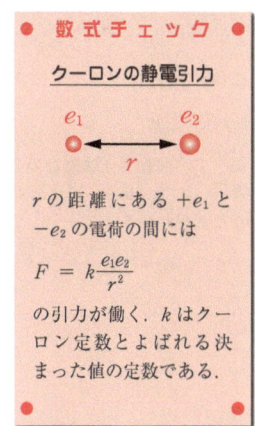

● **数式チェック**
クーロンの静電引力

r の距離にある $+e_1$ と $-e_2$ の電荷の間には

$$F = k\frac{e_1 e_2}{r^2}$$

の引力が働く．k はクーロン定数とよばれる決まった値の定数である．

● **数値チェック**
遠心力

$$F_R = \frac{mv^2}{r}$$

m は質量，v は速度，r は回転半径．

考え方のヒント
電子がもつ波とは
原子核の周りを回っている電子には，実際には存在しない波があると考えると多くの実験結果がうまく説明できる．これは量子力学の基本的な仮説のひとつであり，その大きさが電子の存在確率を表すと考えられている．この波が常に立ち続けるためには一周回った所で元に戻らなければならない．

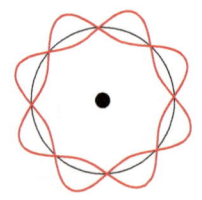

考え方のヒント
電子の回転半径の計算
定数部分を，その値を無視して□として考えてみると，(式1-3)より

$r = □/v^2$

波は1周で元に戻るので

$v = □/n$

これを上の式に代入して

$r = □n^2$

よって，回転半径は整数の2乗 (1, 4, 9, 16, …) に比例することがわかる．

$$\therefore r = \frac{ke^2}{m}\frac{1}{v^2} \quad\quad (式1\text{-}3)$$

の式が成り立つ．

ここで，k, e, m はすべて定数で決まった値なので，この式は電子の速度が決まれば回転半径が決まってしまうことを意味する．

さてここで，電子が何か波の性質をもっていると仮定する．すると電子が1周回ったときにその波が元の位置に戻ったら，一定の波（定在波）として周回運動を続けることができると考えられる．

そう考えた場合，速度 v_0 で電子が長さ a の距離を一周したときに波が元に戻ったとすると，v_0 の整数分の1の速度 v でも波は元に戻ることができる．したがって次のように表せる．

$$v = \frac{v_0}{n} \quad (n=1, 2, 3, 4\cdots)$$

これを（式1-3）に代入すると，回転半径 r は

$$r = \frac{ke^2}{m}\left(\frac{n}{v_0}\right)^2 = \frac{ke^2}{mv_0^2}n^2$$

となり，n^2 以外は定数なので，

$$r = a_0 n^2 \quad\quad (式1\text{-}4)$$

という値だけが許されることになる．最も小さい回転半径は $n=1$ のときの a_0 で，これはp.8で出てきたボーア半径である．n が 2, 3, 4, …と増えるにつれて半径は $4a_0$, $9a_0$, $16a_0$, …と長くなる．電子の運動は一般に楕円運動だと考えられ，原子核との距離はいつも一定だとは限らないが，その平均の値はこのように円運動を考えると計算できる．

次に，これらの許される状態における電子のエネルギーを計算してみよう．粒子のエネルギーには運動エネルギーと位置エネルギーがあり，これら2つを合わせると全エネルギーになる．**運動エネルギー** E_k は質量と速度の2乗に比例し，

$$E_k = \frac{1}{2}mv^2$$

で表される．これに（式1-3）を用いると，次の関係式が得られる．

$$E_k = \frac{ke^2}{2r}$$

電子は原子核と静電相互作用しており，原子核から遠ざけるにはエネルギーが必要である．したがって，原子核からの距離が長くなると電子自体のもつエネルギーは大きくなり，これを**位置エネルギー**あるいは潜在的なという意味で**ポテンシャルエネルギー** E_p という．これを式で表すと

$$E_p = -\frac{ke^2}{r}$$

となり，その大きさは運動エネルギーの2倍になっている．これらの関係式から，電子の全エネルギーは次のようになる．

$$E = E_k + E_p = -\frac{ke^2}{2r}$$

これに回転半径の（式1-4）を代入すると，水素原子の電子のエネルギーは

$$E = -\varepsilon \frac{1}{n^2} \qquad \text{（式1-5）}$$

である．つまり，

電子に許されるエネルギーは決まっていて，いくつかのとびとびの値だけに限られている．

ここで，n は**主量子数**とよばれ，正の整数（$n=1, 2, 3, 4, \cdots$）である．最も高い電子のエネルギーは $n=\infty$ のときで，その値は 0 である．逆に最も低い電子のエネルギーは $n=1$ のときで，その値 E_1 は

$$E_1 = -\varepsilon$$

である．それから n が 2, 3, 4, … と増えるにしたがって $-\frac{1}{4}, -\frac{1}{9}, -\frac{1}{16},$ …と値が 0 に近づいていき，それ以外のエネルギーをとることはできない．これらの許される状態を**エネルギー準位**という．このように許されるエネルギーが限られるのは，電子がある種の波の性質をもっているからなのである．

1.4 原子のスペクトル線とエネルギー準位

水素原子にとびとびのエネルギー準位があることは，原子が発する光によって検証できる．水素原子から発せられるのは限られた色の光だけで，その波長は常に一定である．その発光を**スペクトル線**といい，たとえばライマン α 線とよばれるスペクトル線の波長は 120 nm と決まっていて，これは主量子数 2 のエネルギー準位にある電子が主量子数 1 のエネルギー準位に移る

数式チェック

電子のエネルギー

運動エネルギー

$$E_k = \frac{1}{2}mv^2$$

質量と速度の2乗に比例する．

ポテンシャルエネルギー

$$E_p = -\frac{ke^2}{r}$$

原子核（電荷 $+e$）と電子（電荷 $-e$）のクーロン静電引力による位置エネルギーで，電荷の積に比例し距離に反比例する．

全エネルギー

$$E = E_k + E_p$$

電子の全エネルギーは，運動エネルギーとポテンシャルエネルギーの和である．

数式チェック

水素原子の電子のエネルギー

$$E_n = -\varepsilon \frac{1}{n^2}$$

$$(n = 1, 2, 3, 4 \cdots)$$

$n=\infty$ ── $E_\infty = 0$
$\vdots$
$n=3$ ── $E_3 = -\frac{1}{9}\varepsilon$

$n=2$ ── $E_2 = -\frac{1}{4}\varepsilon$

$n=1$ ── $E_1 = -\varepsilon$

とびとびの値しかとることができない．

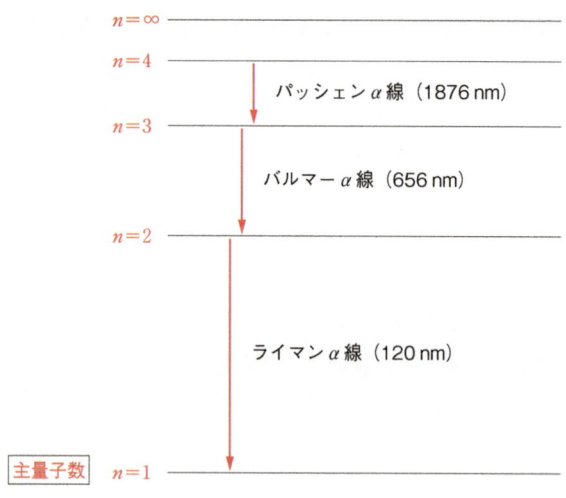

● 図 1-5　水素原子のスペクトル線

考え方のヒント

振動数・波長・速度の関係

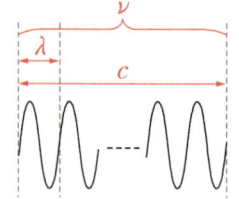

ν：振動数（1秒間の波の数）
λ：波長（波1個分の長さ）
c：光速（1秒間に光の動く距離）

● 散式チェック ●

光の振動数と波長

光の波長と周波数
$\lambda = \dfrac{c}{\nu}$

振動数（周波数）：ν（ギリシャ語でニューと読む）
単位は sec^{-1}，または Hz．
電波では MHz（10^{6}sec^{-1}）．

波長：λ（ギリシャ語でラムダと読む）
単位は m，光では nm（10^{-9} m）．

光の速さ（光速）：c
$c = 3\times10^5$ km
　$= 3\times10^8$ m．

ときに発する光で，2つの準位のエネルギー差が 120 nm の波長の光のエネルギーと等しくなっている（**図 1-5**）．

ここで少し光の性質にふれてから，水素原子のスペクトル線について考えてみよう．光は**電磁波**であり，電場と磁場がおたがいに垂直な方向に振動しながら（**振動数**をνとする）空間中をまっすぐに進む．光のエネルギーは振動数に比例し，次の式で与えられる．

$$E = h\nu \quad\quad\quad\quad (\text{式 1-6})$$

ここで，h は**プランク定数**とよばれる比例定数である．

ところで**波長**（λ）というのは光が1回振動する間に進む距離のことであるが，光の速度（c）は毎秒 30 万 km（地球を 7 回半回る）と決まっているので，これを振動数で割ってやれば波長が求められる．すなわち，

$$\lambda = \dfrac{c}{\nu} \quad\quad\quad\quad (\text{式 1-7})$$

であり，これら2つの（式 1-6）（式 1-7）から，

$$E = \dfrac{hc}{\lambda} \quad\quad\quad\quad (\text{式 1-8})$$

となり，エネルギーは光の波長に反比例することがわかる．

次に，この式を使って水素原子のスペクトル線の波長を計算してみよう．水素原子のスペクトル線は電子があるエネルギー準位（$n=n_2$）から他の準

位（$n=n_1$）へ移るときに出る光であり，そのエネルギーは2つの準位のエネルギー差に等しい．そのエネルギー差の値はエネルギー準位の（式1-5）を用いると，

$$E = -\varepsilon\left(\frac{1}{n_2^2} - \frac{1}{n_1^2}\right)$$

で表される．これが光のエネルギーに等しいので，（式1-8）を使うと

$$-\varepsilon\left(\frac{1}{n_2^2} - \frac{1}{n_1^2}\right) = \frac{hc}{\lambda}$$

$$\therefore \lambda = \frac{hc}{\varepsilon}\bigg/\left(\frac{1}{n_1^2} - \frac{1}{n_2^2}\right)$$

$$= 91\bigg/\left(\frac{1}{n_1^2} - \frac{1}{n_2^2}\right)\text{nm} \quad (n_1, n_2 = 1, 2, 3, 4, \cdots) \quad \text{（式1-9）}$$

が得られ，この式を使ってすべてのスペクトル線の波長が計算できる．

> **数式チェック**
> スペクトル線の波長
> $\lambda = 91\bigg/\left(\frac{1}{n_1^2} - \frac{1}{n_2^2}\right)\text{nm}$

例題 1.3

水素原子のライマンα線（$n_1=1, n_2=2$），バルマーα線（$n_1=2, n_2=3$），パッシェンα線（$n_1=3, n_2=4$）の波長はいくらになるか？

解答

水素原子のスペクトル線の波長は（式1-9）を使って，

$$\lambda = 91\bigg/\left(\frac{1}{n_1^2} - \frac{1}{n_2^2}\right)\text{nm}$$

で計算できる．したがって，ライマンα線の波長λ_Lは，

$$\lambda_L = 91\bigg/\left(\frac{1}{1^2} - \frac{1}{2^2}\right) = 91 \times \frac{4}{3} = 121\,\text{nm}$$

バルマーα線の波長λ_Bは，

$$\lambda_B = 91\bigg/\left(\frac{1}{2^2} - \frac{1}{3^2}\right) = 91 \times \frac{36}{5} = 655\,\text{nm}$$

パッシェンα線の波長λ_Pは，

$$\lambda_P = 91\bigg/\left(\frac{1}{3^2} - \frac{1}{4^2}\right) = 91 \times \frac{144}{7} = 1870\,\text{nm}$$

考え方のヒント
理論値と実験値

理論値	実験値
121	120
655	656
1870 nm	1876 nm

スペクトル波長は，上のように理論値と実験値が近似的に同じになるので，理論式が正しいことが証明される．完全に一致しないのは，もっと複雑な効果による．

p.79「6.6 CO_2 の振動と赤外線吸収」参照

と予測できる．実際に観測される波長は，それぞれ 120 nm，656 nm，1876 nm で，これらの計算値とよく合っている．

光の波長はその**周波数**（振動数）に反比例する．周波数は光のエネルギーに比例するので，波長はエネルギーに反比例する．光のエネルギーは原子や分子のエネルギーと密接な関係があるので，ここでいろいろな波長の光の振動数をまとめておく．

実は，電波，赤外線，紫外線，X線，放射線はすべて電磁波であり，波長の長さによって分類されているだけである．そのうち，特に人間の目が感じることのできる電磁波を光（可視光）とよんでいて，虹の7色に分けられる（**表 1-2**）．表 1-3 はいろいろな電磁波の振動数と波長をエネルギーの小さい順にまとめたものである．テレビ，ラジオ，通信に使っている電波は，周波数もエネルギーも小さく安全な電磁波である．赤外線は6章で解説する分子の振動と同じエネルギーで，熱線ともいわれ，温度を上げる．紫外線のエネルギーは大きくて化学結合のエネルギーくらいになり，日焼けなどの化学反応が起こる．X線，放射線は波長が短くてエネルギーもさらに大きくなり，危険な電磁波であるので注意が必要である．

◆ 表 1-2　虹の7色の波長

紫	400 nm
藍	440 nm
青	480 nm
緑	520 nm
黄	560 nm
橙	590 nm
赤	630 nm

◆ 表 1-3　電磁波の振動数と波長

電磁波の種類	振動数 (Hz)	波長 (m)
電波	$10^6 \sim 10^9$	$30 \sim 0.03$
赤外線	$10^{12} \sim 10^{14}$	$10^{-4} \sim 10^{-6}$
可視光	$10^{14} \sim 10^{15}$	$10^{-6} \sim 10^{-7}$
紫外線	$10^{15} \sim 10^{16}$	$10^{-7} \sim 10^{-8}$
X線	$10^{18} \sim 10^{19}$	$10^{-10} \sim 10^{-11}$
放射線	$10^{20} \sim$	$10^{-12} \sim$

例題 1.4

緑色の光（振動数 6×10^{14} Hz），X線（振動数 1×10^{18} Hz），ラジオ波（振動数 80 MHz）の波長はどれくらいか？

解答

電磁波の波長は，振動数から（式 1-7）を使って計算できる．緑色の光の波長は次のようになり，

$$\lambda = \frac{c}{\nu} = \frac{3\times10^8}{6\times10^{14}} = 5\times10^{-7}\,\mathrm{m} = 500\,\mathrm{nm}$$

可視領域（400〜700 nm）の中心波長になっている．X線では，

$$\lambda = \frac{c}{\nu} = \frac{3\times10^8}{1\times10^{18}} = 3\times10^{-10}\,\mathrm{m} = 0.3\,\mathrm{nm}$$

と短く，逆にラジオ波では，次のように長くなっている．

$$\lambda = \frac{c}{\nu} = \frac{3\times10^8}{80\times10^6} = 4\,\mathrm{m}$$

フラウンホーファー線 — Column

　フラウンホーファーは科学者でも何でもない，ドイツのガラス職人でした．光の色は波長（波が1回振動する間に進む長さ）で決まり，ガラスに入射するときの光の曲がりの角度（屈折角）が波長によって違うので，ガラスプリズムを使うと違う色の光を空間的に分けることができます．これは雨滴で虹が見えるのと同じです．

　さて，フラウンホーファーは太陽の光をプリズムで分け，プリズムのできばえをチェックするのが仕事でした．太陽の光は白色光といって，あらゆる色の光が混じっていますが，いつも決まってある波長の光がまったく見られないことを彼は発見しました．この暗黒線をフラウンホーファー線といい，実は太陽にあるHやNaなどの原子が光を吸収することによってできるものだったのです．原子の周りを回っている電子のエネルギーはいつも決まっていて，あるエネルギーからより大きなエネルギーの状態へと移るときに光を吸収します．その波長の光が地球へ届かないのです．

　彼によって発見されたフラウンホーファー線はいくつもあったのですが，当時原子などという概念は知られていなかったので，彼は単純に波長の順にアルファベットで名前をつけました．そこでDと書いてあったのがナトリウム原子の吸収線で，それにちなんで今でもD線とよばれています．ハイウェイの夜間照明のオレンジ色はこの光です

（波長589 nm）．これと同じ色の光を塩化ナトリウムで見ることができます．試しにフォークの先に少し食塩をつけ，ガスの炎の中に入れてみてください．夜のハイウェイと同じオレンジ色の光を発します．これは，食塩にナトリウム原子が含まれていて，炎で高温にしてやることでエネルギーの高い原子ができ，それが元に戻るときにD線を発するからです．これを炎色反応といいます．ただし，フォークが熱くなるのでやけどをしないように注意してください．化学の実験は安全に注意することがいちばんたいせつです．ほかにも原子の発光線は簡単に測定でき，水素ランプからは656 nm（赤），486 nm（青）などに水素原子の発光が見られます．また蛍光灯の光には，水銀（Hg）原子の発光が579 nm（橙），546 nm（緑），436 nm（藍）などの波長に観測されます．

ヨゼフ・フォン・フラウンホーファー
（1787 〜 1826）

1.5 原子のエネルギー準位と電子軌道

> **考え方のヒント**
> エネルギー準位とは
> 電子は特定の位置にしかいられないので，エネルギーも決まった値だけになる．それぞれの状態がエネルギー準位である．電子の位置が原子核から遠くなると引力が弱くなって不安定になり，エネルギーの値は大きくなる．

水素原子のエネルギー準位は主量子数 n だけで決まっているが，他の原子は少し複雑で，1つの主量子数のなかにいくつか性質の違った準位がある．**図1-6**は，一般的な原子のエネルギー準位を表したものである．この図は下から上に向かってエネルギーの値をとってある．つまり，図の下の方はエネルギーが小さく安定で，逆に上の方はエネルギーが大きく不安定である．横線が引いてあるのはそこにエネルギー準位があるということを表している．各準位のエネルギーは水素原子のときのように簡単な式で表すことはできないが，電子はこれら許されたエネルギー準位のどれかに入り，電子のエネルギーはその準位で決まっているエネルギーをとる．いちばん安定な（エネルギーが低い）エネルギー準位は1s準位で，その1という数字は主量子数である．さらに主量子数2, 3, …の準位が続くが，主量子数の値が大きくなるにつれて準位のエネルギーも大きくなっている．それと同時に電子の回転半径も大きくなるので，主量子数は電子が存在する殻のようだと考えられ，主量子数1の準位はK殻，2の準位はL殻，3の準位はM殻，…とよばれている．

> **考え方のヒント**
> 地球の軌道は軌跡，電子の軌道は波である
> 太陽の周りを回っている地球の位置は刻一刻と正確に決めることができ，その運動の軌跡を軌道とよぶ．しかし，原子核の周りを回っている電子は，あまりにも小さいのでその位置を決めることができない．そこで，電子のもつ波から各位置での存在確率を計算してその運動を予測する．

1つの主量子数の準位のなかでもさらにいくつか種類があり，これを s, p, d, … という記号で表す．s, p, d の最大の違いは空間的な分布，つまり形である．その形を定めているのが**軌道**である．軌道といっても電子がくるくる回っている軌跡を表しているのではなく，実際に観測はされない‘**ある種の波**’であると考えられている．そして，基本的な仮説として

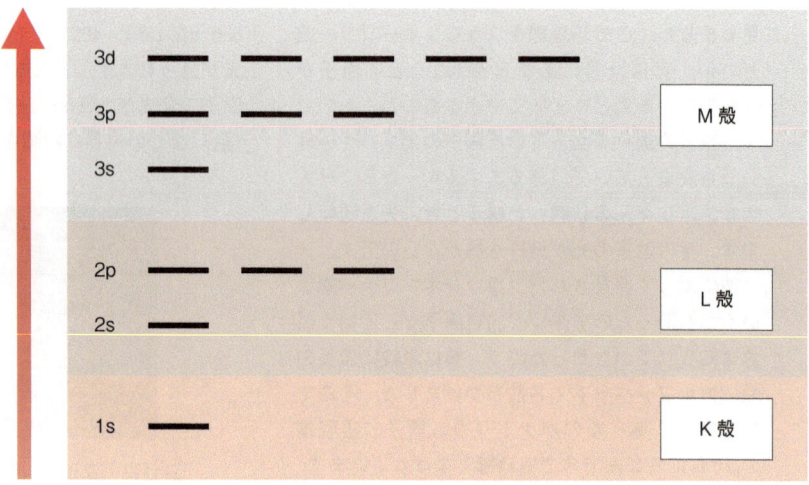

● 図1-6 原子のエネルギー準位

「この波の大きさが，電子がそこにどれだけいるか（存在確率）を表している．」

と考える．ここでいう波の大きさは，次章で数式として表す**波動関数の値の2乗**である．

ここでは，s軌道とp軌道の形，すなわち波動関数を見るにとどめよう（**図1-7**）．s軌道は波の大きさが丸い分布をしていて，電子はあらゆる方向に同じ確率で存在すると考えられる（球対称）．この波はすべて山（＋）であり，波の大きさは原子核のところで最大でそこから離れて行くにしたがって小さくなる．それに対して，p軌道はある方向に伸びた形をしていて（円筒対称），電子もある方向にしかいないことになる．波は反対方向で山（＋）と谷（－）

考え方のヒント

なぜ波動関数の値の2乗か
波の揺れの大きさ（振幅）がその位置に電子がどれだけいやすいかを表しているのだが，波には山と谷があって波動関数の値は＋と－になり，そのままでは対応が悪い．そこで，その値の2乗をとるとどこでも＋の値になり，存在確率としては考えやすい．実際にこれで計算してやると，実験値を正確に再現することが知られている．

波動関数と存在確率 *Column*

原子や分子について授業をすると，学生さんたちに必ず質問されるのが，「波って何ですか？波動関数って何ですか？」．ひと言で答えられないので，そのたびにいつも長い時間教室に残って話をする羽目になりますが，大切なことなので数式を使って順を追って説明することにしています．もちろん，波の振幅，つまり波動関数の値の2乗が粒子の存在確率を表すこと，あるいは波があること自体は仮説なのでうまく説明できないのですが，それを信じさえすれば後は数式の意味を考えると結論が導けます．それでも，何かイメージを思い浮かべるとわかりやすいので，多くの性質を「光」にたとえます．

アインシュタインは，多くの場合，光を粒子と考える必要があることを示しました．粒子といっても質量はありませんから，エネルギーの塊みたいなものをイメージすればよいと思います．光はもちろん波でもありますから，波と粒子の二面性をもつと考えられます．この考え方を粒子にも適用すれば，粒子にも波の性質があってよいのではないかと考えたのがシュレディンガーで，波動方程式を解いて水素原子のスペクトル線の謎をみごとに解き明かしました．その方程式の答えとしてs軌道やp軌道の波動関数が出てくるのですが，さらにそれが存在確率を表すと考えたのがボルンで，この考え方を用いると化学結合のようすや分子の構造がよく理解できることがわかりました．特にp軌道の方向性は分子の形の謎をみごとに解決してくれます．Ⅱ部で数式を使ってじっくり説明しますので，挑戦してみてください．

こういう考え方をすると，リンゴが落ちる現象から万有引力と運動方程式を導いたニュートンの考え方は原子や分子では成り立たないことになります．しかし，太陽の光が虹の7色に分けられることを最初に示したのはニュートン自身でした．彼は天体の運行を彼の運動方程式で説明したかったようで，望遠鏡をつくって天体観測も行っています．そのときに光の性質に興味をもったのでしょうか．多くの実験結果を書き残して光の不思議を説いています．おそらく粒子と波の二面性には気づいていなかったでしょうが，歴史的な天才はそこに何かを感じていたのかもしれません．

マックス・ボルン
（1882～1970）

エルヴィン・シュレディンガー（1887～1961）

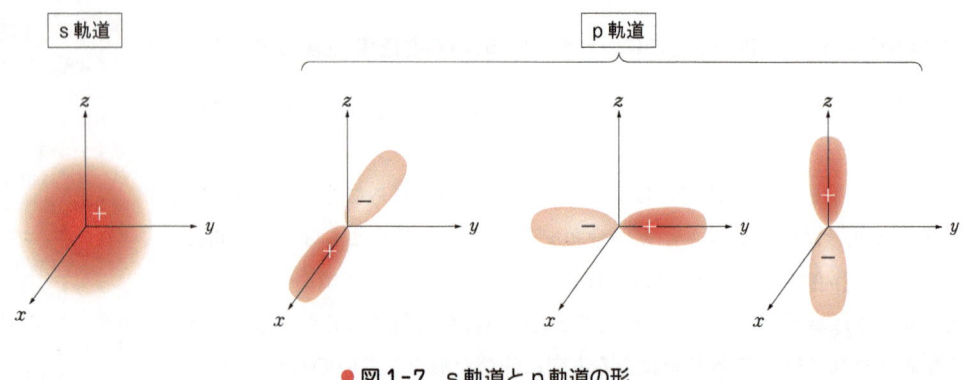

● 図 1-7　s 軌道と p 軌道の形

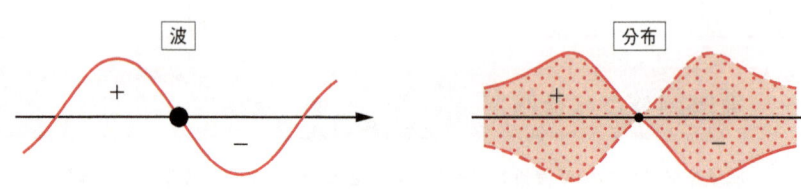

● 図 1-8　p 軌道電子の波と分布

通常の波は山（＋）と谷（－）を規則正しくくり返しているが（左図），p 軌道の波動関数の分布（右図）もこれと似ている．存在確率は値の 2 乗であるから，山と谷の ＋－ の違いがなくなり，振幅が最大のところに電子が最もいやすいことになる．

になっており，波の大きさは原子核から少し離れた所で最大となっている（図 1-8）．さらに，p 軌道には直交する空間の 3 軸に向いた同じエネルギーの 3 つのエネルギー準位がある．

　第Ⅱ部で詳しく考えるが，原子どうしの化学結合はこの波がうまく重なり合うことによってできる．したがって，s 軌道の電子の結合には方向性はないが，p 軌道にある電子はその伸びた方向にしか結合をつくらず，どの軌道に電子が入っているかによって化学結合のしくみや分子の形も自ずと決められることになる．

p.54「4.3　s 軌道と p 軌道の共有結合」参照

1章のポイントと練習問題

□ 原子の構造
原子は，＋の電荷をもつ原子核と，その周りを回っている－の電荷をもつ電子によって成り立っている．

➡図1-1参照

□ 原子のエネルギー準位
電子は波の性質をもつため，とびとびの値のエネルギーしかとることができない．そのエネルギー状態を，エネルギー準位といい，主量子数 n が大きくなるとエネルギーも大きくなる．

➡図1-6参照

□ 電子の軌道
それぞれのエネルギー準位は固有の軌道をもつ．軌道は波であり，波の大きさ（波動関数の値の2乗）が，電子がそこにどれだけいるか（存在確率）を表している．1つの主量子数のなかでも，s，p，d……という種類があり，軌道の形が異なる．

➡図1-7参照

問題 1-1 1gのダイヤモンドには何個のC原子が含まれているか．

➡原子量を調べ，C原子1gが何モルか計算しよう．

問題 1-2 Li原子の原子核と電子のクーロンの静電引力は，原子核と電子との距離 r が同じだとするとH原子のときに比べて何倍強いか弱いかを示せ．

➡p.11の「数式チェック」の式を考えよう．

問題 1-3 Na原子のD線の光の振動数を求めよ．

➡（式1-7）を使い，波長を振動数に変換しよう．

2章 元素の周期律と電子配置

化学的に活性か不活性かというような原子の性質は，エネルギー準位に電子がどのように配置されているかで決まっている．原子には非常に似かよった性質をもついくつかのグループがあることがわかっていて，原子番号で並べると8という周期をもっている．これを元素の周期律という．ここではまず各原子の電子の配置について考え，さらにいくつかの重要な元素についてその性質を調べ，周期律と電子配置の関係を検証してみよう．

元素にはそれぞれ特有の性質があって，いろいろな元素によって構成される物質の性質にもそれが反映されている．元素の基本粒子である原子の構造と性質は，今ではほとんど完全といっていいくらい明らかにされている．しかし，原子が知られていなかった19世紀の後半でも，性質のよく似た元素があっていくつかのグループに分類されることがすでにわかっていた．1869年，メンデレーエフはそれをまとめて元素の周期律表を発表した．その最初の3周期までを示したのが表2-1である．元素記号の下の数値は，後で説明するイオン化ポテンシャルと電子親和力（単位はエレクトロンボルト）である．

「2.6 イオン化ポテンシャルと電子親和力」参照

ここで示された周期律は経験的な法則であり，発表当時にはなぜ元素にこのような周期性があるのか理由はわかっていなかった．しかし，20世紀になって原子の構造が明らかになると，それが原子のもっているエネルギー準位と電子の配置によってみごとに説明されることになった．そのしくみを詳しく説明しよう．

◆ 表2-1 元素の周期律表（第3周期まで）

H							He
13							24
0.9							−0.2
Li	Be	B	C	N	O	F	Ne
5	9	8	12	14	13	17	22
0.7	0.4	0.2	1.3	−0.2	1.5	3.5	−0.3
Na	Mg	Al	Si	P	S	Cl	Ar
5	8	6	8	11	10	13	16
0.6	−0.2	0.2	1.4	0.8	2.0	3.6	−0.4

元素記号
イオン化ポテンシャル
電子親和力

22

2.1 原子の電子配置

原子には固有のエネルギー準位があるが，元素の周期律はそれぞれの準位に電子が何個入っているかという<u>電子配置</u>によって決まっている．原子のエネルギー準位にどういうふうに電子が詰まっていくかについては，次の3つの規則がある．

➡p.18, 図1-6参照

電子配置の3つの規則
| 規則1 | エネルギーの低い準位から順番に電子が入る．
| 規則2 | 電子は1つのエネルギー準位に最大2個まで入ることができる．
| 規則3 | 同じエネルギーのp軌道には，できる限り違う軌道に電子を入れたほうが安定である．

原子はその原子番号と同じ数の電子をもっているが，これらの規則にしたがってその配置が決まっている．原子番号1の水素（H）原子は電子を1個もっていて，それはいちばんエネルギーの低い1s軌道に入っている．原子番号2のヘリウム（He）原子は電子を2個もっていて，それらは1s軌道に入ってペアをつくっている．電子はペアをつくると安定になるのだが（これを<u>電子対</u>という），水素原子の1個の電子はペアをつくっていない．こうした電子は<u>不対電子</u>とよばれ，原子に活性をもたらす．

図2-1に示した原子番号8の酸素（O）原子の電子配置について考えてみよう．この原子には8個の電子があるのだが，まず規則1・2にしたがって1s, 2s軌道に電子が2個ずつ入りペアをつくる．残りの4個が2pに入るのだが，規則3によって3つの軌道にそれぞれ1個ずつ入り，8個目はそのひとつと電子対をつくる．その結果，残りの2個は不対電子となっていて，これらが酸素原子の特殊な活性をもたらしている．

考え方のヒント
O原子の活性
O原子はよく反応するし磁性ももっているので，化学的に活性な原子である．酸素分子をつくって燃焼反応を起こすのでとても役に立っている．しかし，われわれの体内で活性なO原子が生成し，タンパク質や酵素と反応して老化の原因になっているとも考えられている．どれもO原子に固有の2個の不対電子が原因である．

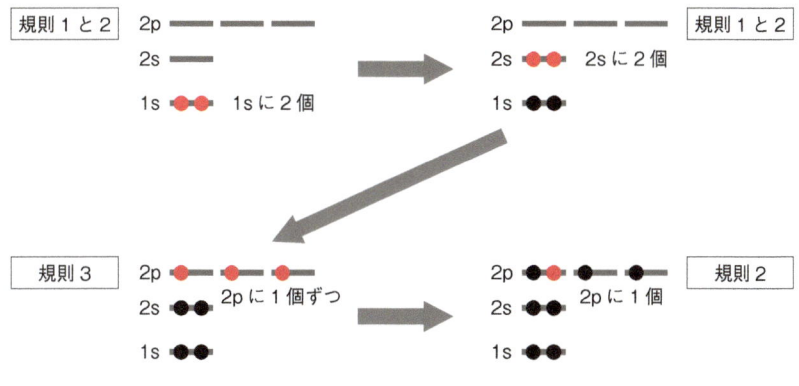

●図2-1　O原子の電子の詰まり方

2.2 不対電子の活性

考え方のヒント
電子スピン
電子は－の電荷をもっているので，自転運動でそれが回転すると，あたかも鉄の周りに電線を巻いて電気を流したのと同じになる．つまり電子は小さな磁石であり，この自転運動とそれによる磁気のことを電子スピンとよんでいる．1つのエネルギー準位には，スピンの方向が逆（右回りと左回り）の2つの状態がある．

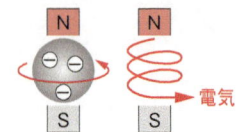
電子スピン　電磁石

電子は原子核の周りを回っている．その公転（軌道運動）と同時に自転もしていて，これを**電子スピン**という．ちょうど，地球が太陽の周りを公転し，さらに1日1回自転しているのと同じである．ただ，電荷をもっている粒子が自転すると電流が流れることになる．つまり電子は小さな電磁石と考えてよい．しかし，1つのエネルギー準位に電子が2個入ってペアをつくると，その電気的，磁気的な力を打ち消し合い，化学的に不活性になる．逆にペアをつくってない不対電子は，電荷も磁力ももっているので化学的にとても活性である．したがって，原子が活性になって化学結合をつくるためには不対電子がなければならない．このような電子配置は原子の性質を理解するうえでとても重要である．

たとえば，H原子は不対電子が1個だけなので活性，逆にHe原子は2個の電子が1s軌道でペアをつくっていて不対電子はないので不活性である（図2-2）．実際He原子は他の原子と結合することなく，単原子のまま気体になっていて，化学反応も起こさないので**不活性ガス**とよばれている．

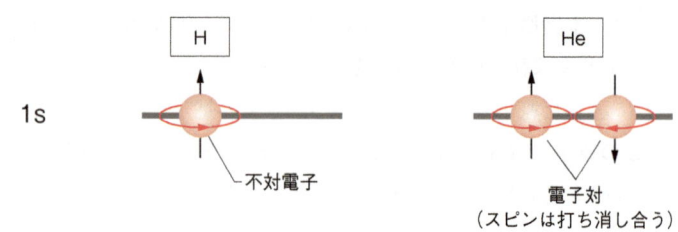

● 図2-2　不対電子と電子対のスピン

2.3 電子配置と周期律

2.1節では，エネルギー準位にどのように電子が配置されるかを説明した．ここでは，原子番号18のアルゴン（Ar）までの各原子について，その電子配置を具体的に見てみよう．図2-3は，各原子でK殻，L殻，M殻のエネルギー準位に電子がどのように入っているかを示したものである．

主量子数1の1s軌道は2個でいっぱいになる．原子番号3のリチウム（Li）原子は電子を3個もっていて，その3個目は2s軌道に入って不対電子になる．つまり，Li原子は，2個の1s電子を除くとs軌道に電子が1個という電子配置となり，H原子と同じになる．ここで重要なのが，

考え方のヒント

電子配置の規則

原子は通常, 最も安定な状態にあることが知られている. 電子もできる限り安定, すなわちエネルギーの値がいちばん小さい配置をとる. ただし, 電子はフェルミ粒子といって1つの状態には1個の粒子しか入らない. 電子にはスピンの方向が違う2つの状態があるから, 1つのエネルギー準位に最大2個まで入る. 同じ準位に2個入って電子のペアをつくると不活性にはなるが, 近づきすぎて反発する効果のほうが少し勝るので, p軌道のような同じエネルギーの準位には, 別々に入るほうがエネルギーが小さく, 安定する.

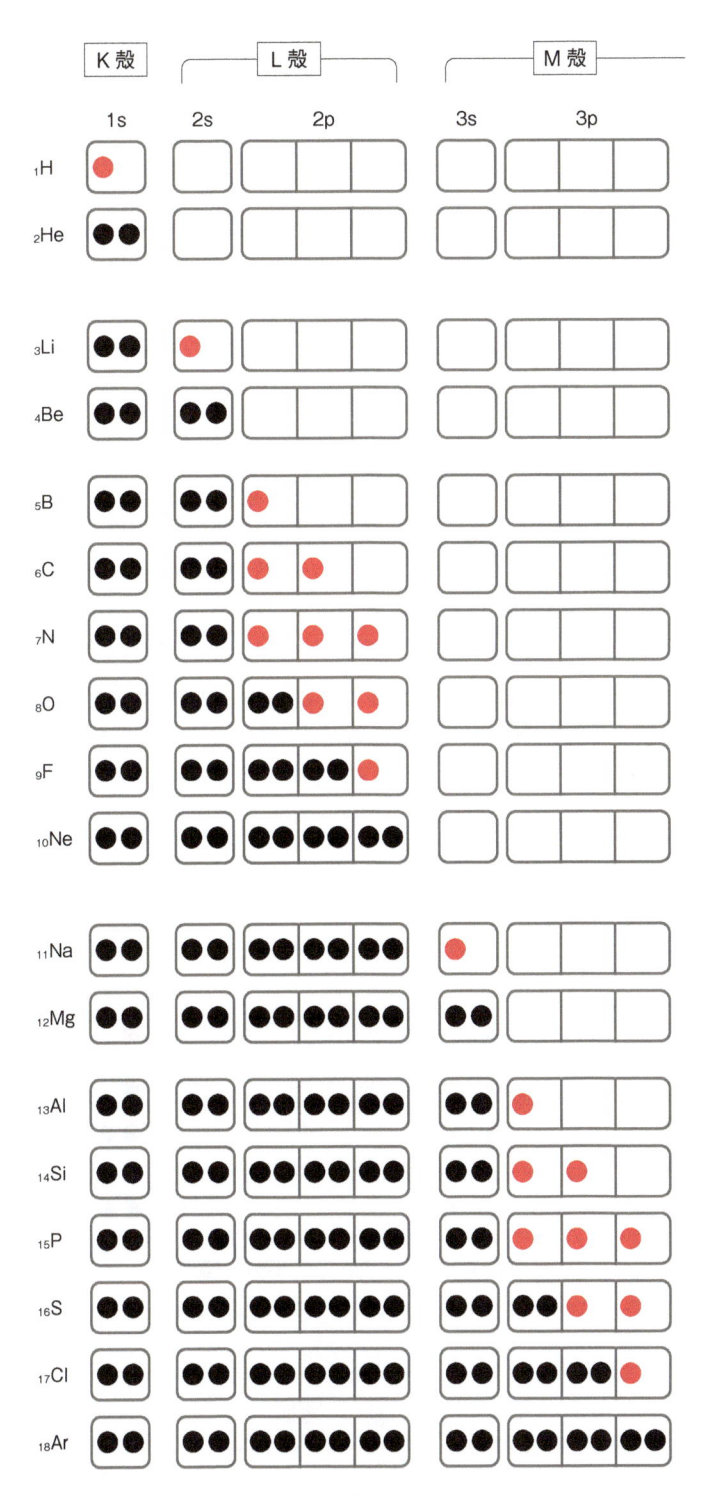

● 図 2-3　原子の電子配置
　●は不対電子.

「原子の性質は，電子が入っているなかで最も主量子数の大きい準位の電子配置（<u>最外殻電子配置</u>）によって決まる．」

ということである．
　HとLiとNaは同じ最外殻電子配置を取っているのでその性質は似かよっており，3つの元素とも化学的に非常に活性で，保管や取り扱いには充分注意しないと危険である（**図2-4**）．さらに，原子番号4のベリリウム（Be）では2s軌道に2個電子が入ってある程度安定になり，通常では硬い固体になっているが，まだ2p軌道は空のままなので完全に不活性ではない．次のホウ素（B）からフッ素（F）までは2p軌道に電子が入って必ず不対電子ができるので，基本的には化学的に活性になる．
　原子番号6の炭素（C）原子は少し複雑であるが，2p軌道に電子を2個もっていて，これらは電子配置の規則3によって異なる軌道に入り不対電子になっている．ところが実際の炭素原子には4つの不対電子があると考えられている．これについては次章で詳しく説明する．

p.42「3.4　炭素原子の混成軌道」参照

　そして，窒素（N）原子は3個のp電子，酸素（O）原子は4個のp電子をもつ．フッ素原子（F）は5個のp電子で空きが1個だけになる．
　ネオン（Ne）原子になると，主量子数2の準位がすべていっぱいになる．これを<u>閉殻構造</u>という．NeはHeと同じで不活性ガスである．

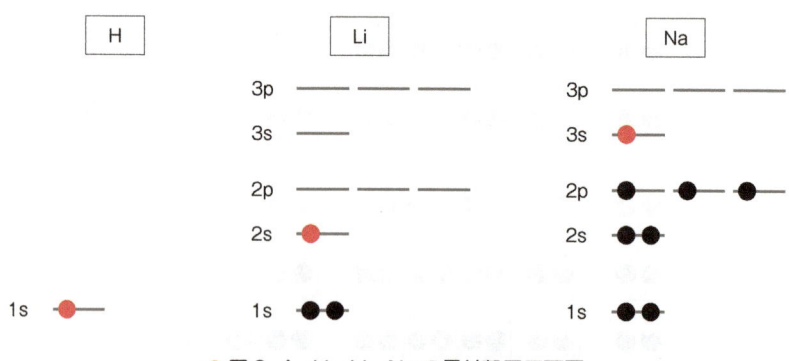

● 図2-4　H，Li，Naの最外殻電子配置

2.4　周期律表

　このように同じパターンの最外殻電子配置がくり返し出てくることを考え，原子番号順に元素をわかりやすく並べたのが<u>周期律表（周期表）</u>である．一番上の1行目は主量子数1（K殻）の1s軌道に電子が入る元素で，左端

にH，右端にHeが並んでいる．2行目は，さらに主量子数2（L殻）の軌道に電子が入る元素で，Liは同じ最外殻電子配置のH原子の下の左端に並んでいる．それから原子番号の順にひとつずつ右の欄へと移っていき，Heの下はNeとなる．この右端の欄には不活性ガスが縦に並ぶ．

この章の最初に示した**表2-1**は，メンデレーエフが発表した周期律表の第3周期までを示したものであるが，これは，1周期をs軌道とp軌道に基づく8元素で簡単にまとめてあり，短周期律表とよばれている．今ではd軌道とf軌道まで含めた長周期律表というもっと詳しいものが一般的に使われている．

➡ 巻頭「元素の周期律表」参照

2.5　原子価（化学結合の手の数）

原子の電子配置を示した**図2-3**を見ると，多くの原子が不対電子をもっているのがよくわかる．不対電子をもった2つの原子を近づけると，異なる原子の不対電子どうしがペアとなって安定な化学結合をつくる．不対電子は

オクターブ則　Column

　元素がいくつかのグループに分類できることは，メンデレーエフが周期律表を発表する以前にも知られていました．そのひとつがニューランズによって提唱されたオクターブ則で，文字どおり原子を適当な順番で並べていくと8という周期でくり返すというものです．ニューランズはとてもおもしろい物理学者で，宇宙のすべての現象がこのオクターブ則で説明できるという仮説を立て，それをいろいろなことで立証しようと試みたようで，元素の性質もこれに当てはまると考えました．

　さて，オクターブという言葉は音楽のドレミでも使われますが，原子がそれぞれに固有の周波数（波長）の光しか吸収しないということを思うと，どうやら楽器と同じように考えてもいいのかもしれません．楽器が奏でる音の高さは弦の長さや楽器の大きさで決まり，原子の大きさは電子の周回運動の半径で決まります．原子番号とともに電子の数が増えると原子の大きさも増えると考えられ，確かに吸収する光の波長は長くなっていきます．長い弦や大きな楽器では低い音が出るのと同じです．

　それともうひとつ，音楽の美しさの妙はミとファ，シとドの間が半音になっていることであり（それ以外は全音），この音階のシンコペーションがメロディーのバリエーションを増やしているのです．原子の場合もs軌道とp軌道の間で少し違いがあり，元素の性質に微妙な違いが出ます．さらに，次節で詳しく説明する混成軌道を思うと，分子オーケストラの美しいハーモニーが自然に聞こえてくるようです．

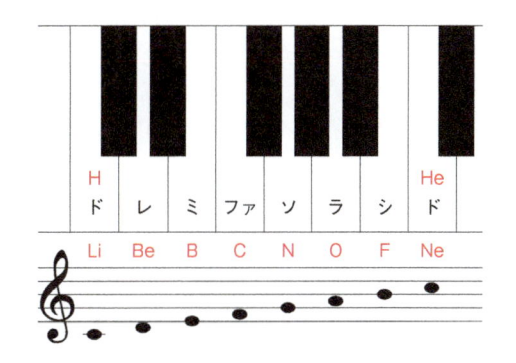

2章 元素の周期律と電子配置

> **考え方のヒント**
> **エネルギー準位の変化**
> 原子が2つ近づくとエネルギー準位も変化して，もっと安定な，分子のエネルギー準位になる．そこで不対電子がペアをつくると化学結合ができ，安定な分子になる．

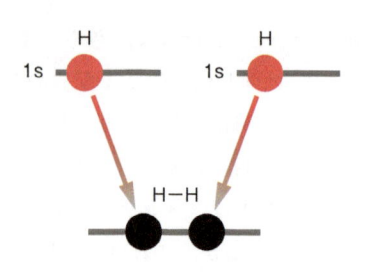

p.52「4.2 共有結合のメカニズム」参照

● 図2-5 不対電子のペアによる化学結合

いわば**化学結合の手**である．たとえば，H原子は不対電子を1個もっている．2つのH原子が近づくとそれぞれの不対電子が1つのエネルギー準位に入ってペアとなり，安定な化学結合をつくる（**図2-5**）．

　一般に，原子は不対電子の数だけ結合をつくることができ，その化学結合の手の数を**原子価**という．H原子には不対電子が1個あるので，結合の手は1つで，原子価は1となる．これに対して，He原子は不対電子がないので原子価は0，つまりHe原子は安定な化学結合をつくらない．さらに，O原子には不対電子が2個あるので原子価は2，N原子の原子価は3である．

例題 2.1

Na, Cl, S, Arの原子価はいくつか？ 図2-3を見ながら考察せよ．

解答

原子番号11のナトリウム（Na）原子には3s軌道に不対電子があり原子価は1になる．原子番号17の塩素（Cl）原子には3p軌道に不対電子が1個ありこれも原子価は1，この2つの原子は強く結合して塩化ナトリウム（NaCl）という安定な化合物をつくる．これが食塩である．原子番号16のイオウ（S）原子には，3p軌道に2個の不対電子があり，酸素（O）原子と同じく原子価は2である．アルゴン（Ar）原子は閉殻構造になっていて不対電子をもたないので原子価は0と考えられ，化学結合をつくらず原子のまま気体になっている．

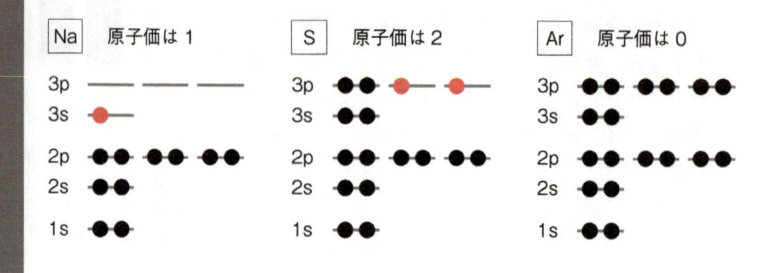

2.6 イオン化ポテンシャルと電子親和力

　原子が最も安定な状態になるのは閉殻構造，つまりひとつの主量子数のエネルギー準位が電子で完全に満たされた場合である．したがって，He，Neなどの不活性ガスは安定で単原子のまま気体となっており，化学反応は起こさない．対照的に，s軌道に不対電子を1個もつH，Li，Naなどは，その

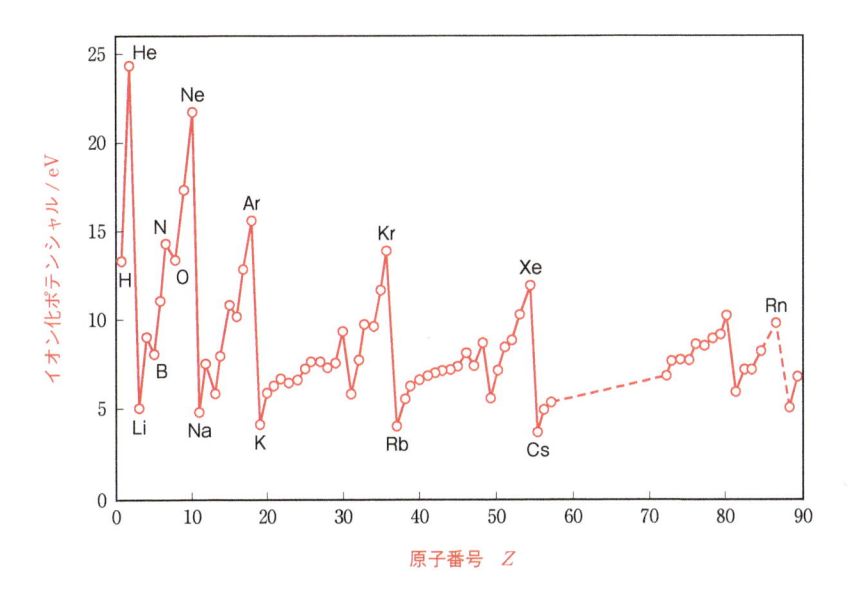

考え方のヒント

イオン化ポテンシャル

He原子のイオン化ポテンシャルの値は24 eVであり，電子を取り去ってHe$^+$にするのに大きなエネルギーが必要である．これに対して，Li原子の値は5 eVであり，小さいエネルギーで容易にLi$^+$になることを表している．

考え方のヒント

電子親和力

Cl原子の電子親和力の値は3.6 eVであり，電子を取り込んでCl$^-$になると大きく安定化する．これに対して，Na原子の値は0.6 eVと小さいので電子を取り込みにくく，Na$^-$になりにくいことを表している．

数値チェック

エレクトロンボルト：eV

エネルギーの単位のひとつで，1ボルトの電圧で加速された電子の運動エネルギーが1 eVである．電子や原子のエネルギーを表すのによく用いられる．

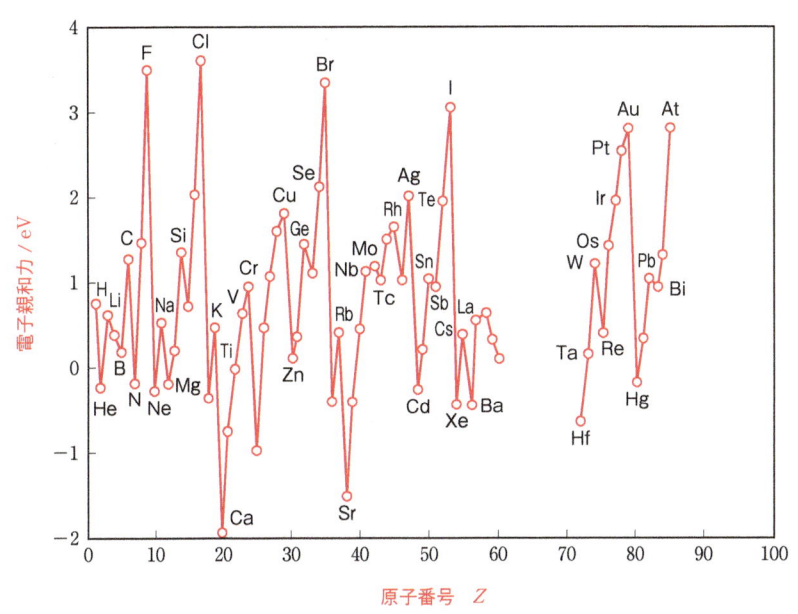

● 図2-6　原子のイオン化ポテンシャル（上）と電子親和力（下）

2章 元素の周期律と電子配置

> **考え方のヒント**
>
> **電子親和力と電気陰性度**
> 原子がどれだけ電子を引きつけやすいかという度合いに対しては，電子親和力のほかに「電気陰性度」がしばしば用いられる．電子を引きつけると電気的には陰性（−）になるので両方の値には強い相関があるが，ここではわかりやすい電子親和力を用いる．

電子が容易に飛び去って＋の電荷を帯び，陽イオン Li^+，Na^+ になりやすい．原子から電子を 1 個奪って陽イオンにするために必要なエネルギーを**イオン化ポテンシャル**といい，その値〔エネルギーの単位：eV（エレクトロンボルト）〕が小さいほど陽イオンになりやすい．各原子での値をグラフにしたのが**図 2-6** であり，これを見るとイオン化ポテンシャルの値が周期的に変わっているのが明確に見て取れる．

一方，F や Cl は，電子をもう 1 個もらうと閉殻構造になるので，陰イオン F^-，Cl^- の形になっている場合が多い．原子がどれだけ電子を引きつけて陰イオンになりやすいかという尺度には**電子親和力**という値を使う．その値をグラフにしたのが**図 2-6** である（数値は**表 2-1** の元素記号の下に示している）．グラフを見ると F，Cl ではともに大きな値になっていて，これらの原子は電子を取り込んで F^-，Cl^- になりやすいことがわかる．

地球での元素の存在比は？ *Column*

いろいろなデータをもとに，地球（地殻中）での元素の存在比が推定されていて，最も多いのは酸素（O）で 50%，ほぼ半分であることがわかっています．次に多いのがケイ素（Si）で 26% で，この 2 つで 4 分の 3 を占めているのです．ほかに多いのは，アルミニウム（Al）の 8%，鉄（Fe）の 5%，カルシウム（Ca）とナトリウム（Na）の 3% などですが，小さな割合で多くの元素が含まれています．

ところが，宇宙全体を見るとこの分布はまったく異なっています．たとえば，水素（H）は地球ではわずか 0.9% しかないのですが，宇宙全体でみると何と 71% が水素です．次に多いのがヘリウム（He）で，この 2 つで 98% を占めています．おもしろいのは，この比率は H が燃えて He になる反応を続けている太陽とほとんど同じだということで，太陽がそのまま宇宙全体と同じであることを示しています．太陽系誕生の解明の使命を託された探査機「はやぶさ」は，2010 年に小惑星「イトカワ」の微粒子を地球にもち帰りました．「イトカワ」は太陽系創世期の状態を保っていると考えられており，微粒子のなかに含まれる元素の分析を詳しく行うことによって，宇宙の謎が解けることが期待されています．

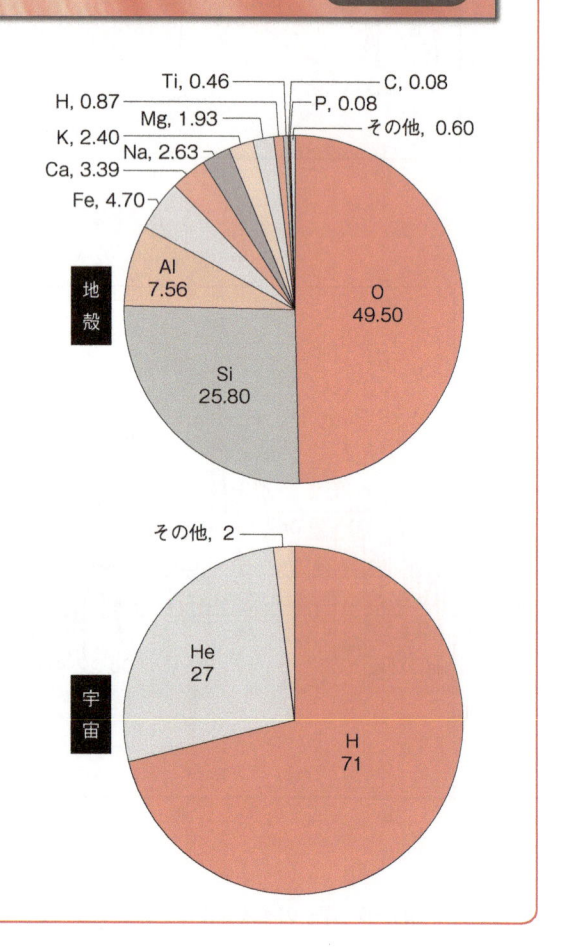

地殻

- Ti, 0.46
- H, 0.87
- Mg, 1.93
- K, 2.40
- Na, 2.63
- Ca, 3.39
- Fe, 4.70
- Al 7.56
- Si 25.80
- O 49.50
- C, 0.08
- P, 0.08
- その他, 0.60

宇宙

- その他, 2
- He 27
- H 71

2.7 代表的な原子

(a) 水素（H）とアルカリ金属（Li, Na, K, Rb, …）

　1s軌道に不対電子を1個もつH原子は原子価が1で，通常の状態ではすぐに化学結合をつくってしまう．気体の水素の中身は100% H_2 分子である．

　最外殻電子配置で，2s，3s，4s軌道に同じく不対電子を1個もつリチウム（Li），ナトリウム（Na），カリウム（K）は，周期律表の左端の欄に縦に並んでいて，これらを総称して**アルカリ金属**とよんでいる．水素とは異なり，これらの元素は常温では固体で，電気をよく通す金属である．しかし，その化学的な性質は水素とよく似てとても活性で，酸素や水と激しく反応する．s軌道にある不対電子がなくなると閉殻構造をとって安定になるので，イオン化ポテンシャルは小さく，比較的小さなエネルギーで容易に電子が1個飛び去って陽イオンになる（**図2-7**）．また，イオンになって簡単に電気を帯びるので，特にLiは容量の大きい電池として使われる．いろいろな化合物が開発され最新電子機器の小型電源として広く用いられている．

●図2-7　LiとLi^+

(b) ハロゲン（F, Cl, Br, …）

　フッ素（F）は原子番号9で，主量子数2（L殻）のp軌道に1個だけ電子の空きがあり（**図2-8**），もう1個電子をもらうと閉殻構造になるので陰イオン（F^-）になりやすい．同じように，塩素（Cl）と臭素（Br）も主量子数3，4のp軌道に1個空きがある電子配置をとっていて，化学的な性質は似かよっている．これらは周期律表の右から2番目の欄に縦に並んでいて，**ハロゲン**とよばれている．アルカリ金属と対照的で電子親和力が大きく，多くの元素と結合してさまざまな性質をもったハロゲン化合物をつくる．

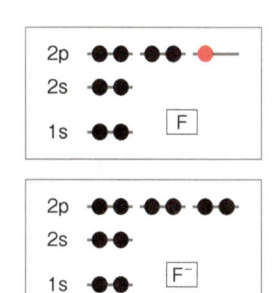

●図2-8　FとF^-

(c) 不活性ガス（He, Ne, Ar, …）

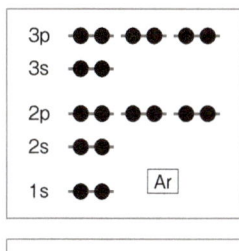

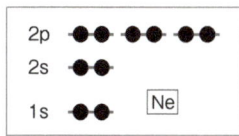

　ヘリウム（He）原子は1s軌道に2個電子をもっていて閉殻構造になっている．したがって，原子自体は非常に安定で化学結合をつくらず，通常は原子のまま気体になっている（単原子気体）．主量子数2と3のエネルギー準位まで閉殻構造になっているのがネオン（Ne）とアルゴン（Ar）であり，やはりその性質はHeと似ている（**図2-9**）．これらの元素は不活性ガス，あるいは**希ガス**とよばれ周期律表の右端の欄に並んでいる．不活性だからあまり必要でないかと思われがちだが，これらの元素は化学反応を制御したり放電を安定化するのに不可欠で，たとえばネオンの放電管は照明や表示灯に，アルゴンは放電溶接にと，広く使われている．また，低い温度で液体になるので冷却剤としても役に立っている．特に液体ヘリウムの温度は4K（－269℃）で，これくらいの極低温でしか見られない超伝導の発現などに

●図2-9　NeとAr

なくてはならないものである．ただし，希ガスともよばれるように地球上に存在する量がきわめて小さく，枯渇しないようにたいせつに使っていかなければならない物質である．

(d) 窒素（N）とリン（P）

窒素（N）原子は3つの2p軌道にそれぞれ1個ずつの不対電子をもっている（**図2-10**）．この最外殻電子配置はリン（P）原子も同じで，原子価は3である．結合の手が多い分，それからできる化合物のバリエーションもさまざまで，たとえば生体機能に重要な役割を果たしている多くの物質が窒素とリンを含んでいる．空気の4分の3は窒素分子（N_2）であるが，この分子ではN原子の3つの不対電子がすべてペアになって結合をつくり，安定で不活性になっている．N_2分子自体は反応に直接関与することはないが，同じく空気に含まれている活性な酸素分子（O_2）の効力を調節するたいせ

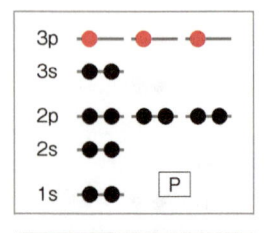

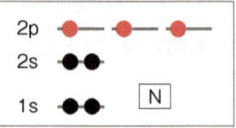

● 図2-10　NとP

アルゴンの発見　Column

1904年，アルゴンの発見によってイギリスの物理学者レイリー卿はノーベル物理学賞を，ラムゼー卿はノーベル化学賞を受賞しました．化学的にはまったく不活性で，しかも空気中にわずか0.93％しか含まれていないこの未知の元素をいったいどのようにして発見したのでしょうか．1885年にキャベンディッシュ研究所長を退任したレイリー卿は，空気から酸素，炭酸ガス，水蒸気を完全に取り除いても，窒素のほかに何か別の気体元素が残るのを見つけ，学会で発表しました．それに共感したラムゼー卿は同じテーマの研究を申し出て，その後二人は独立にまったく違う方法で実験をくり返しました．そしてついに，これまで知られていない元素がやはり1％ほど含まれていることを確認し，「アルゴン（怠け者）」という名前をつけて共同で発表しました．興味をもったことをとことんやって，栄誉を競うこともないとても紳士的なやり方でともにゴールに到達したのです．なんてすばらしい科学者たちなんだと感銘を受けます．レイリー卿は，ほかにも光の散乱（レイリー散乱：空が青かったり夕焼けが赤かったりするのを説明する），熱輻射（レイリー・ジーンズの法則：高温の物質が発する光の色と強さを説明する），地震の表面波（レイリー波：特別な伝わり方をする揺れがある）などで輝かしい功績を挙げています．

実は，メンデレーエフが提唱した周期律表には，この新しい元素が並ぶところはなかったのですが，二人の発表の少し後に，アルゴンがそれまでにない新しいグループの元素であることがスペクトル線の測定で証明され，右端の欄に不活性ガスとして加えられました．それから次々に，He, Ne, Krが発見されています．

さらに驚くべきことは，その100年以上も前の18世紀後半，まだ発電機もない時代に静電気による放電を使って同じ実験を行い，空気には酸素と窒素のほかに他の元素がわずかに混じっていることを知っていた人がいたのです．それが，ヘンリー・キャベンディッシュでした．おそらくレイリー卿はキャベンディッシュ研究所で彼の実験の記録を見つけ，もう一度調べ直したいと思ったのでしょう．今でこそあたりまえと思っている知識も，このように長い年月と多くの努力の結実であることを教えてくれるアルゴンの発見物語です．

つな役目を果たしている．N 原子に 3 つの H 原子を結合させるとアンモニア分子（NH₃）ができ，生体内の代謝作用を担っている．同じく代謝の基本物質である ATP（アデノシン三リン酸）は P 原子を含む代表的な物質である．

(e) 酸素 (O) とイオウ (S)

酸素（O）原子は 2 つの 2p 軌道にそれぞれ 1 個ずつの不対電子をもち，2 つの空いた軌道に電子が入ると閉殻構造になるので反応性は高く，また電子を引きつけやすい（**図 2-11**）．空気中の酸素分子（O₂）や大気の上方で紫外線を防いでいるオゾン分子（O₃）など，酸素はわれわれにとって欠かせない重要な元素である．イオウ（S）原子も同じように活性で反応性も高い．主に酸の供給源として，われわれの生体でも多く使われている．これらは電子親和力が大きく，化学結合をつくると電子を引きつけて－の電荷を帯びることが多い．たとえば，H₂O 分子では＋の電荷を帯びた H 原子と電気的な引力による水素結合をつくっている．H₂S 分子の構造や性質も H₂O 分子と似ているが，H₂S 分子は人体に強い毒性を示すので注意が必要である．

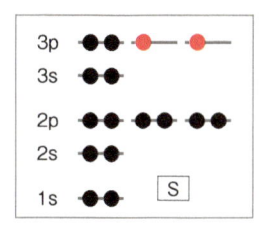

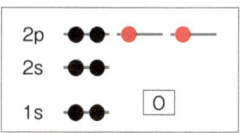

● **図 2-11** O と S

2 章のポイントと練習問題

□ エネルギー準位に電子を配置するときの規則

1. エネルギーの低い準位から順番に電子が入る．
2. 電子は 1 つのエネルギー準位に最大 2 個まで入ることができる．
3. 同じエネルギーの p 軌道には，できる限り違う軌道に電子を入れたほうが安定である．

➡図 2-1 参照

□ 不対電子の活性と原子価

ペアをつくっていない電子（不対電子）は化学的に活性で，別の不対電子と結合をつくる．原子は，不対電子の数だけ化学結合をつくることができ，その結合の手の数を原子価という．

➡図 2-2 参照

□ 電子配置と元素の周期律

原子の性質は，電子が入っているなかで最も主量子数の大きい準位の電子配置（最外殻電子配置）によって決まっていて，原子番号順に周期性がある．

➡図 2-3 参照

問題 2-1 Na 原子と Cl 原子の最外殻電子配置を描き，食塩（NaCl）になったときの電子配置を予測せよ．

➡Na から Cl へ電子が 1 個移っているとして考えよう．

問題 2-2 塩酸（HCl），水酸化ナトリウム（NaOH）と似かよった性質の物質を周期律表から予測せよ．

3章 電子の軌道と波動関数

原子の性質はその電子配置によることを学んだが，さらに詳しく化学結合や反応を理解するためには，それぞれのエネルギー準位に固有の電子の軌道を知らなければならない．ここでいう軌道とはある種の波であり，その波の大きさが電子がどこにいやすいという存在確率を表している．ここでは軌道を数式を使って波動関数という形で表現し，その空間的な分布を理解する．また，われわれにとってたいせつな元素である炭素原子の混成軌道についても説明する．

3.1 電子の軌道と波動関数

電子が空間でどのように分布しているかを示すのが軌道であり，その値は波動関数で表す．化学結合を担っているのは電子であるから，この波がどこに集中しているかを調べれば，結合のようすや分子の性質を理解することができる．

図3-1 は，s軌道と3つのp軌道の波動関数を大まかに示したものである．

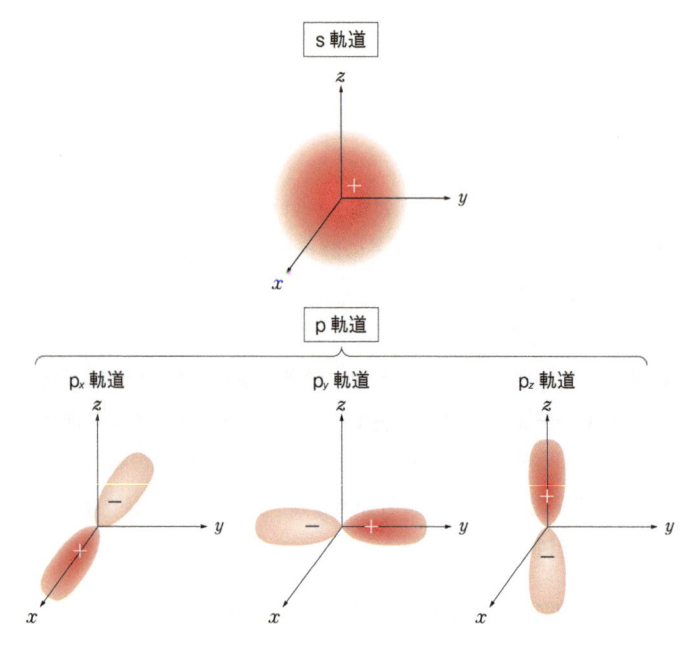

● 図3-1　s軌道と3つのp軌道

p軌道には形と大きさがまったく同じで方向が異なる3つの軌道があり，これを p$_x$, p$_y$, p$_z$ 軌道とよぶ．

図に示した＋と－は，ここでは電荷のことではなく波の山と谷を表しており，－でもその値が大きければ波も大きいと考えられる．化学結合はこの波が大きくなって電子がある所に集中することによってできるので，これから示す波動関数は化学ではとても重要である．

3.2 球面極座標

まずは，波動関数を数学的にきちんと表現するために必要な球面極座標について説明する．

空間の位置を表すのが座標であり，一般的には直交する3軸にそってそれぞれの軸上の値 (x, y, z) を用いる．これを**デカルト座標**という．しかし，原子の周りを回る電子の座標については**球面極座標** (r, θ, φ) を使うほうがはるかに便利である．この座標系では3次元空間での位置を表すのに，原点からの距離 r を定めて球面を描き，その上の位置を2つの角度 (θ, φ) で定める（**図3-2**）．r を動径部分，(θ, φ) を角度部分という．

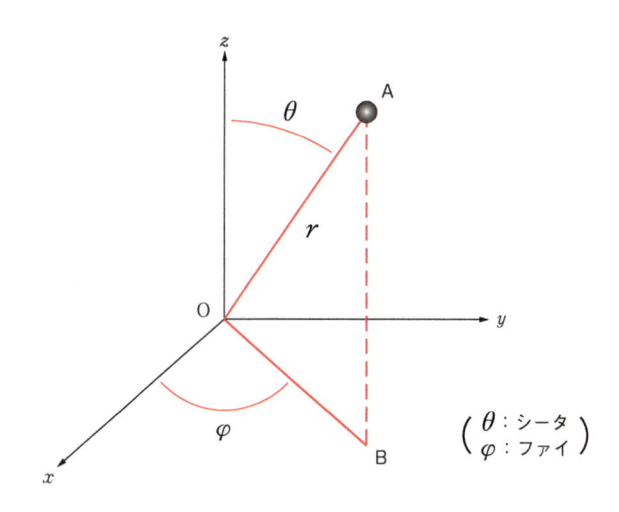

考え方のヒント
波の山と谷
波には山と谷がある．水面に石を投げ込むとその地点の水面は下にへこむが，やがて逆に上に出っ張り，それが波紋として広がっていく．上に上がった部分を山，下に下がった部分を谷とよび，ここでは＋と－で表す．存在確率は波の揺れの大きさの2乗で与えられるから，山でも谷でも元の水面から大きく動いていればそこに電子はいやすいということになる．

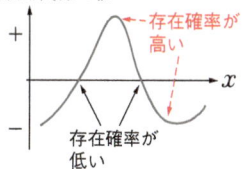

波動関数の値

●図3-2 球面極座標

(θ：シータ)
(φ：ファイ)

数値チェック
角度とラジアン
位相を表すには一般に1周360°の角度を用いるが，ラジアンという単位もよく用いられる．これは，半径1の円周の長さに対応していて，1周回ったら 2π になる．90°は $\frac{\pi}{2}$，180°は π になる．

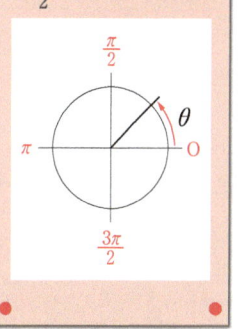

r が決まると1つの球面が定まる．その球面上のどこにあるかは2つの角度を用いればよい．これは，地球上の都市の位置を緯度，経度で表すのと同じであるが，球面極座標の場合は少し違っていて，θ は z 軸からの角度 ($0 \leq \theta \leq 180°$)，φ は直線 OA を xy 平面に投影した直線 OB が x 軸となす角度 ($0 \leq \varphi \leq 360°$) である．

数学を使おう

三角関数　$\sin\theta, \cos\theta, \tan\theta$

円周や球面での位置や回転運動を表すのに必ず用いるのが**三角関数**であり，主なものに**サイン関数**（$\sin\theta = \dfrac{y}{r}$），**コサイン関数**（$\cos\theta = \dfrac{x}{r}$），**タンジェント関数**（$\tan\theta = \dfrac{y}{x}$）の3つがある．図に示すように，半径が1（$r=1$）の円周上での位置を考えるとわかりやすい．

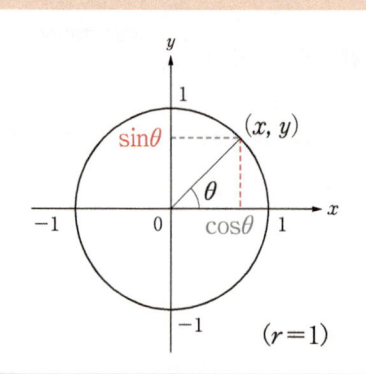

xy平面内である点 (x, y) があったとき，サイン関数は，そこから x 軸までの距離，つまり座標 y の値である．角度 θ（位相ともいう）が0から変化していくにつれて，$\sin\theta$ は0から1, 0, -1, 0, …というふうに周期的に揺れ動く．位相が π（180°）の整数倍のときの値は0になり，多くの方程式を解くときにこの性質を用いる．

コサイン関数は，そこから y 軸までの距離，つまり座標 x の値であり，値の変化はサイン関数と同じだが，位相が $\dfrac{\pi}{2}$（90°）だけずれたものである．

タンジェント関数はこれら2つの値の比であり，

$$\tan\theta = \frac{\sin\theta}{\cos\theta}$$

で表され，これは $\dfrac{y}{x}$ の値になる．角度 θ が0から変化していくにつれてしだいに増加していき，$\theta = \dfrac{\pi}{2}$ で∞に発散する．それぞれの関数の値を表とグラフにまとめると下のようになる．

角度	0°	45°	90°	135°	180°	225°	270°	315°	360°
ラジアン	0	$\dfrac{\pi}{4}$	$\dfrac{\pi}{2}$	$\dfrac{3}{4}\pi$	π	$\dfrac{5}{4}\pi$	$\dfrac{3}{2}\pi$	$\dfrac{7}{4}\pi$	2π
$\sin\theta$	0	$\dfrac{1}{\sqrt{2}}$	1	$\dfrac{1}{\sqrt{2}}$	0	$-\dfrac{1}{\sqrt{2}}$	-1	$-\dfrac{1}{\sqrt{2}}$	0
$\cos\theta$	1	$\dfrac{1}{\sqrt{2}}$	0	$-\dfrac{1}{\sqrt{2}}$	-1	$-\dfrac{1}{\sqrt{2}}$	0	$-\dfrac{1}{\sqrt{2}}$	1
$\tan\theta$	0	1	∞	1	0	-1	$-\infty$	-1	0

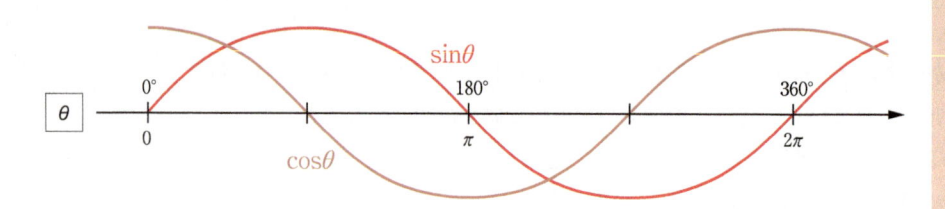

例題 3.1

球面極座標 r, θ, φ を使ってデカルト座標 x, y, z を表せ．

解答

z 座標は線分 OA つまり r を角度 θ で射影したものである．これはコサイン関数で表され

$$z = r\cos\theta$$

となる（**下図左**）．x, y 座標を考えるときは線分 OA を xy 面に射影するが，この場合はサイン関数になる．x はこれをさらに φ のコサイン関数で射影すればいいので，

$$x = r\sin\theta\cos\varphi$$

で表される．同じように，y は φ のサイン関数で射影すればいいので，

$$y = r\sin\theta\sin\varphi$$

となる（**下図右**）．したがって，球面極座標で r, θ, φ の値がわかったら，これらの式を使ってデカルト座標 x, y, z に直すことができる．

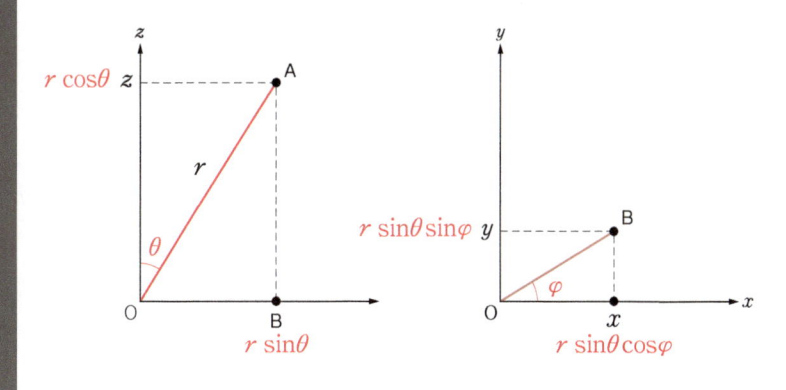

例題 3.1 で考えたようにデカルト座標と球面極座標の間の関係は，三角関数を使って次の式で表される．これを使って座標の値を容易に変換できる．

$$z = r\cos\theta$$
$$x = r\sin\theta\cos\varphi$$
$$y = r\sin\theta\sin\varphi$$

数値チェック

デカルト座標と球面極座標の変換

$z = r\cos\theta$
$x = r\sin\theta\cos\varphi$
$y = r\sin\theta\sin\varphi$

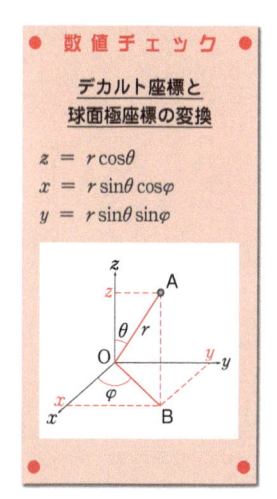

数学を使おう

指数関数 $y = 10^{ax}$ と $y = 10^{-ax}$

　x が変化するにつれて，ある一定の比率で値が変化していくという現象が化学ではとても多い．ここでは**指数関数**を用いてそれを表すことにする．最も一般的な形は

$$y = 10^{ax}$$

で，y の値は「べき」の部分の x が変化するにつれて 10 倍，100 倍，1000 倍，…というふうに同じ比率で増加し，無限大（∞）に発散する．たとえば化学反応で同じ割合で物質が増えていくなどという場合にあてはまる．

　同じ増加現象でも**正比例**というのは式で表すと

$$y = ax$$

で，このときは y の値は x が変化するにつれて 1，2，3，…というふうに同じ数ずつ変化していく（下図左）．

　同じ指数関数でも，「べき」の部分が−になると減少関数になる．

$$y = 10^{-ax} = \frac{1}{10^{ax}}$$

　この式では y の値は x が変化するにつれて 1/10 倍，1/100 倍，1/1000 倍，…というふうに同じ比率で減少し無限大（$x=∞$）では 0 に収束する．たとえば化学反応で同じ割合で反応物質が減っていくなど，これも多くの化学過程であてはまる．

　同じ減少する関数でも**反比例**というのは式で表すと

$$y = \frac{a}{x}$$

で，このときは y の値は x が変化するにつれて $\frac{1}{2}$，$\frac{1}{3}$，…というふうに減少していく（下図右）．原子核と電子が離れるにしたがってその引力が弱くなるという場合などで使われる．

　このように，よく知られている正比例，反比例だけでなく，化学では指数関数を使うことが多いので，知っておくと便利である．また，次のような公式もあるので，チェックしておくと計算のときに役に立つであろう．

$(10^a)^b = 10^{ab}$ よって $\left(\dfrac{1}{10}\right)^a = 10^{-a}$

$10^{(a+b)} = 10^a 10^b$

$10^0 = 1$

増加指数関数と正比例　　減少指数関数と反比例

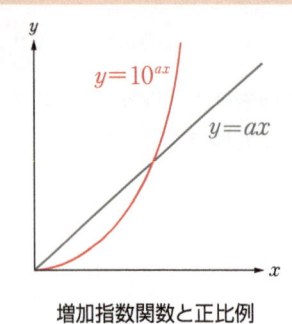

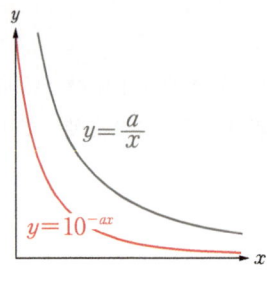

3.3 球面極座標を使った波動関数

軌道は電子がもっている波であって,空間のある地点での波の大きさの値を数式で表したものが**波動関数**である.これを球面極座標を用いて$\phi(r, \theta, \varphi)$のように表し,1s軌道と$2p_x, 2p_y, 2p_z$軌道について詳しく見てみよう.

(a) 1s軌道

1s軌道は丸い形をしているのだが,これを波動関数で表すと次の式になる.

$$\phi_{1s} = A_{1s} 10^{-r} \qquad \text{(式3-1)}$$

A_{1s}は決まった値で,関数の値を定めるための比例定数である.重要なのは座標を含んだ部分であるが,この式のなかにある座標はrだけで,θとφは含まれていない.つまり,波動関数は原子核を中心にどの方向でも同じ値であるので丸い形になる.これを球対称という.

10^{-r}という関数は$r=0$で値は1であるが,rが大きくなるにつれてその値はしだいに小さくなり,rが無限大になると0に限りなく近づく(0に収束する).原子核の中心を通る軸上(これをxとしよう)でこの値をグラフにすると**図3-3(a)**のようになる.波動関数の値は原子核の中心($r=0$)で最も大きく,そこから離れていくにしたがってどんどん小さくなり0へ収

> ● **数式チェック** ●
> **1s軌道の波動関数**
> $\phi_{1s} = A_{1s} 10^{-r}$
> (ϕ:ギリシャ語のプサイ)
> 原子核を中心とした丸い形になる.

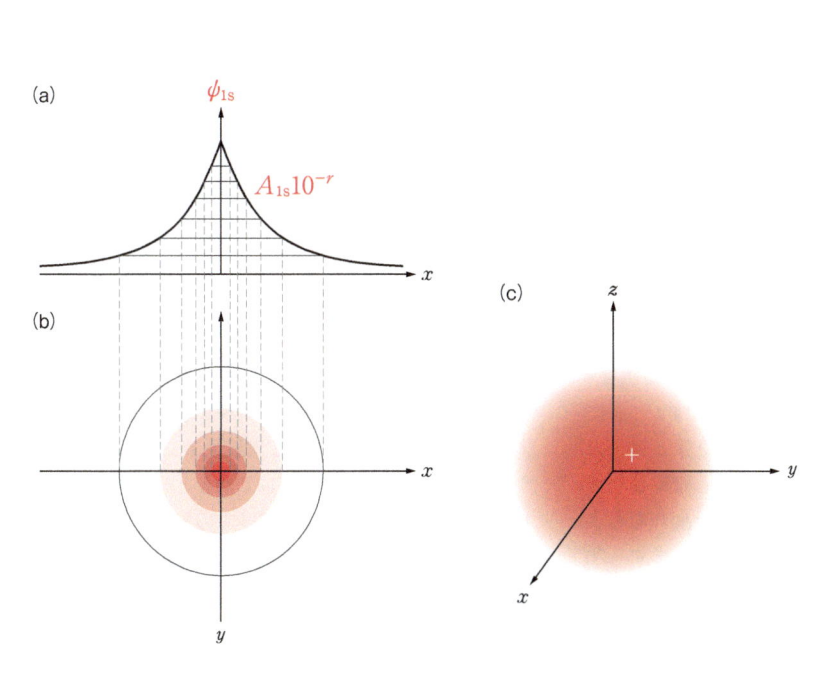

● 図3-3 1s軌道の波動関数

束していくのがわかる．

このふるまいは y 軸方向でも同じであるので 2 次元空間（平面）で考えると富士山のような分布になり，xy 面について等高線で表すと **図 3-3（b）** のようになる．これは原点を中心とした同心円になっていて，波の大きさの分布は平面内で円のように丸くなっている．

このふるまいは z 軸方向でも同じなので，円を 360°回して 3 次元空間で考えると，球のように丸い 1s 軌道が頭に描ける〔**図 3-3（c）**〕．これは，中心で瞬間的に波を起こすとそれがしだいに四方八方へ広がっていき，しばらくすると丸く広がっていくのをイメージすればよい．これが 1s 軌道の波動関数の分布のようすである．この波の強さの 2 乗が電子の存在確率を表すので，電子は原子核の周りに丸く分布していると考えることができる．

> **考え方のヒント**
> 3 次元空間の波の形
> 2 次元空間（平面）での波の形は水面に石を投げ込んだときの波紋を考えればよく，1s 軌道は富士山のように中心からあらゆる方向に同じように低くなっていく．これをさらに 3 次元空間で立体的に考えると，あらゆる方向に広がって同じように小さくなっていく丸い形（球対称）を思い浮かべることができる．

(b) 2p 軌道

2p 軌道は 3 つあって，形と大きさは同じであるが伸びている方向が異なり，それぞれ $2p_z$，$2p_y$，$2p_x$ 軌道とよぶ．まず，$2p_z$ の波動関数を式で表すと

$$\psi_{2p_z} = A_{2p} r 10^{-r} \cos\theta$$

となる．A_{2p} は定数で，空間分布とは直接関係ない．しかし，1s 軌道と違って，この式には座標の動径部分とともに角度部分が含まれているので，波の形は方向によって異なる．

電子はいったいどこにいるの？　　Column

決まった値のエネルギー準位があったり，軌道を波で考えたりというのは「量子力学」とよばれる理論で簡単には理解できないうえに，その結論は直感的に受け入れ難いものが多くあります．せっかく 1s 軌道の波動関数を勉強したので，もう一度その（式 3-1）を見て下さい．その値は r が大きくなると 0 に限りなく近づきますが，0 にはなりません．波動関数の大きさの 2 乗が電子の存在確率を表しますから，そうすると確率は小さいですが，電子は原子核からどれだけ離れてもよいというちょっと不可解なことになります．20 世紀の初めに量子力学が生まれたのですが，それ以前の物理学（古典力学とよんでいます）では，電子はある半径で原子核の周りを周回運動していると考えられ，その半径がきわめて長くてもいいなどとはとても納得できません．しかし，非常に小さい原子の世界では量子力学が正しいことは多くの実験結果で確かめられており，その結論や考え方も認められています．たとえば，存在確率が 0 でないので電子がどこへでもすり抜けられるというトンネル効果はトランジスタなどで応用されています．トランジスタに電圧をかけてポテンシャルエネルギーを小さくしてやると，電子のすり抜けの確率が大きくなって多くの電流が流れます．これによって，音，光，モーターの回転などを制御することができます．最新のコンピューターや電子機器は量子力学によってつくられているのです．

3.3 球面極座標を使った波動関数

動径部分は $r10^{-r}$ であるが，r は増加する比例関数で 10^{-r} は減少指数関数である．指数関数のほうが変化は急激であるので，その積である $r10^{-r}$ の値は $r=0$ でも $r=\infty$ でも 0 になり，原子核から少し離れた 2 か所の ＋ と － で極大になる．

さらに，角度部分としては $\cos\theta$ が含まれている．これは ＋z 軸上では 1，xy 平面では 0，そして －z 軸上では －1 という値になる．したがって，$2p_z$ の波は z 軸上の逆方向で符号が逆転し，波の山と谷になる．z 軸上で波動関数の値をグラフにしたのが**図 3-4** である．さて，波動関数の式を見直してみると，座標 φ は含まれていないことがわかる．したがって，波動関数の値は z 軸回りに回転してもどこでも値は同じになる．これを円筒対称という．$2p_z$ 軌道は z 軸方向に伸びた形をしていて，原子核から少し離れた 2 か所で波の強さは最大になる．したがって，この準位に電子が入ると電子は主に z 軸方向に沿って分布し，化学結合もこの方向にしかできない．

2p 軌道には，z 軸方向に伸びたこの $2p_z$ 軌道のほかに，y 軸方向に伸びた $2p_y$ 軌道，x 軸方向に伸びた $2p_x$ 軌道が存在し，その波動関数は

$$\psi_{2p_y} = A_{2p} r 10^{-r} \sin\theta \sin\varphi$$

$$\psi_{2p_x} = A_{2p} r 10^{-r} \sin\theta \cos\varphi$$

と表される．これらは $2p_z$ 軌道に含まれていた $\cos\theta$ の代わりに $\sin\theta\sin\varphi$，$\sin\theta\cos\varphi$ が含まれていて，これらはそれぞれ y 軸および x 軸で 1 という値

> **考え方のヒント**
> **$2p_z$ 軌道のグラフ**
> 立体の形をグラフに描くのは簡単ではないが，まずは $2p_z$ 軌道について z 軸上の波動関数の値をグラフにしてみよう．図 3-4（a）のように横に z 軸の座標の値をとる．波動関数の値は $z=0$ で 0 であり，そこから z 軸の ＋ 方向（右方向）に進むとその値は増加し，あるところで極大になってから減少して 0 に収束する．z 軸の － 方向（左方向）は同じ大きさで負の値になるので，同じカーブを上下反対に描けば ψ_{2p_z} のグラフとなる．
> 次にこれを xy 平面で考えると，波動関数の値は y 軸の上下にいくにつれて減少するので，これを地図で見られるような等高線で描くと，図 3-4（b）に示したような形になる．右側では山（＋），左側は谷（－）になっている．さらに，波動関数の値は φ に依存しないので z 軸回りには丸くなり，3 次元空間での $2p_z$ 軌道の形を示すと図 3-4（c）のようになる．

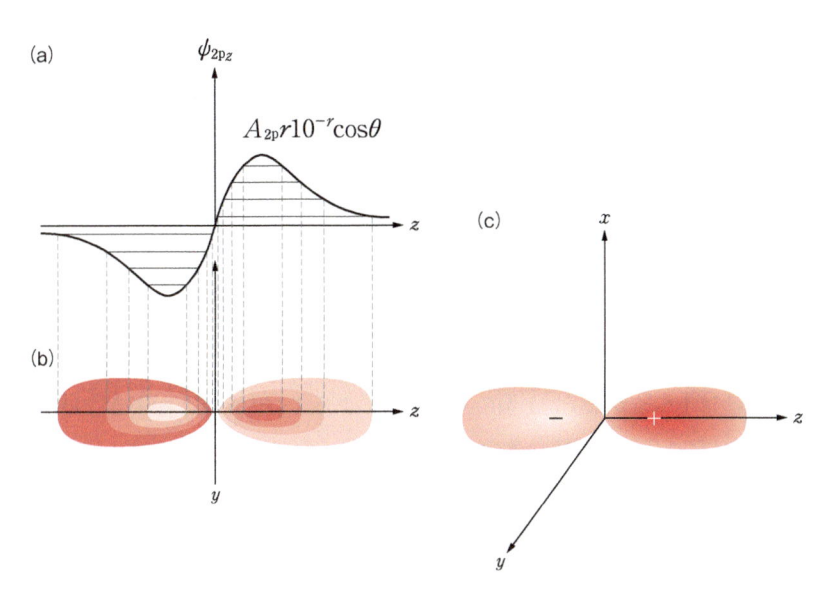

● **図 3-4** $2p_z$ 軌道の波動関数

数値チェック

2p 軌道の波動関数

$\psi_{2p_z} = A_{2p} r 10^{-r} \cos\theta$

$\psi_{2p_y} = A_{2p} r 10^{-r} \sin\theta \sin\varphi$

$\psi_{2p_x} = A_{2p} r 10^{-r} \sin\theta \cos\varphi$

直交する3つの軌道になる。

考え方のヒント

直交する3つのp軌道

p軌道はある1つの方向に伸びた形をしているが，3次元空間には3つの直交する独立な座標軸（x, y, z）があるので，それぞれの方向に伸びた軌道が存在しなければならない．したがって，p軌道には形も大きさも等しい（p_x, p_y, p_z）の3つの軌道が存在し，同じエネルギーの準位が3つあることになる．この3つは波動関数の動径部分はまったく同じになり，あとは球面極座標（図3-2参照）を見ながら角度部分を考えて，3つの方向に伸びた形にすればよい．p_z軌道はz軸方向に伸びているので角度部分は$\cos\theta$になるが（p.36「三角関数」参照），これをxy面に移すには$\sin\theta$を用いればよい．さらにy軸に移すには$\sin\varphi$，x軸に移すには$\cos\varphi$を掛ければよい．こうして3軸方向を向いた3つのp軌道の波動関数が表現できる．

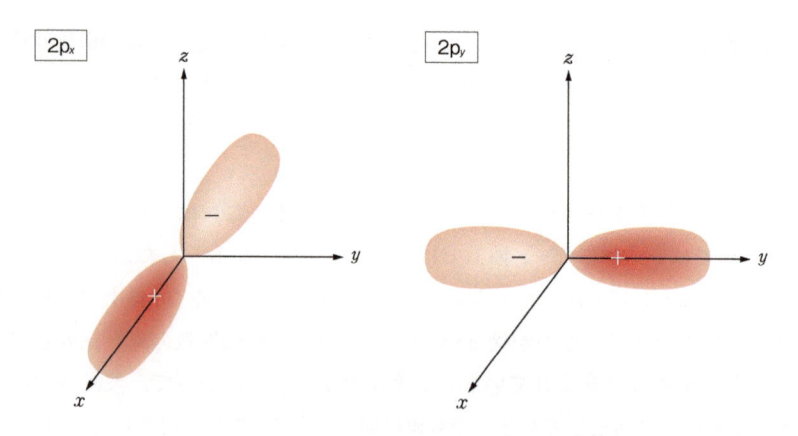

● 図 3-5 2p$_x$ 軌道と 2p$_y$ 軌道の波動関数

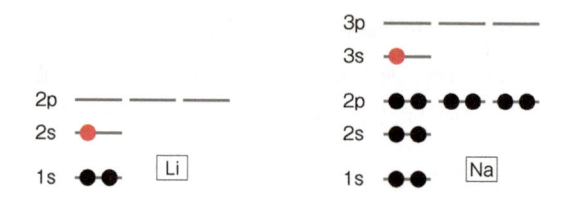

● 図 3-6 s 軌道は1つの不対電子しかもたない

をとり，他の軸方向では0になる．つまり，2p$_y$軌道および2p$_x$軌道は，z軸方向に伸びた2p$_z$軌道を同じ大きさと形のままy軸およびx軸に90°回転させたもので，この3つの軌道のエネルギーは完全に同じになる（**図3-5**）．

これらの波動関数を見てわかるように，2p軌道には同じ形で直交する3方向へ伸びる3つの軌道が存在する．s軌道と違ってp軌道は不対電子を複数もつことができるので（**図3-6**），原子が複数の原子と結合をつくって分子ができる場合，その結合はおたがいに直角の方向を向いていることになる．ただし，例外が炭素（C）原子であり，これを理解するためには混成軌道という考え方を学ばなければならない．

3.4 炭素原子の混成軌道

s軌道は1つしかなく，1個の不対電子による1つの結合しかできない．1つの原子でいくつかの結合をつくり複雑な分子ができるためには，3つのp軌道に2つ以上の不対電子をもち，それらが同時に結合をつくる必要がある．3つのp軌道はおたがいに直交しているので2つの結合のなす角度（結合角）は90°かそれに近い値でなければならない．たとえば，水分子（H$_2$O）では2つの結合がほぼ直角にできていて，分子は二等辺三角形である．

しかし，炭素（C）原子は例外で，109°，120°，180°の結合角をもつ分子が数多く存在する．炭素原子は4つの結合の手をもち原子価は4であると考えられる．ところが，炭素原子の電子配置を考えると原子価は2でなければならない．これをうまく説明するのが**混成軌道**という考え方である（**図3-7**）．2s軌道にある2個の電子はペアをつくっているのだが，そのうち1個を空になっている$2p_z$軌道に移すと，4個の不対電子ができ原子価は4になる．さらに2s軌道と2p軌道の4つがおたがいに混じり合って，同じ形，同じエネルギーで方向だけが異なるいくつかの結合の手をつくる．これを混成軌道とよび，それには**図3-8**の3種類がある．

● **図3-7** C原子の電子配置

環境と化学

放射性元素の半減期

質量数235のウラン原子（$^{235}_{92}U$）は，天然で唯一の核反応を起こす放射性元素です．放置しておいても原子核が崩壊して他の原子へ変化し，そのときに大量の熱と放射線を放ちます．その熱を利用して発電するのが原子力発電で，今や日本の電力の40％くらいは原子力によってまかなわれています．しかし，問題は同時に放出される放射線です．ご存じのように，放射線に被曝しますと白血病のような疾病を引き起こしてとても危険です．ウランを最初に研究したマリー・キュリーとピエール・キュリーもその怖さを知らずに被曝してしまい，晩年その身体に異常をきたしたといわれています．

さて，放射線の強さIは次の指数関数で表されます．

$$I = I_0 10^{-at}$$

Iは時間ごとに同じ割合で減少していきます．そして，その強さが半分になる時間を**半減期**といいますが，質量数235のウランの半減期はなんと7億年です．そうすると，指数関数的な減衰ですから，4分の1になるのに14億年，8分の1になるのに21億年，100分の1以下になるのには47億もかかってしまいます．要するに，一度放射性物質に汚染したら永久になくならないということです．

放射性廃棄物は，発電のときに出るウランを含んだゴミです．日本では，これを金属とコンクリートの中に固めて地下深く埋めておくことに決まりました．地球環境や石油の枯渇のことを考えると原子力発電はある程度必要だと思われるのですが，とんでもなく長い半減期を考えると，設備や運転システムをわれわれ全員が注意深く見守っていかなければならないと思います．万が一，事故や廃棄物の取り扱いで放射能漏れという事態になれば，永久に元に戻ることのない最悪の環境破壊になってしまいます．

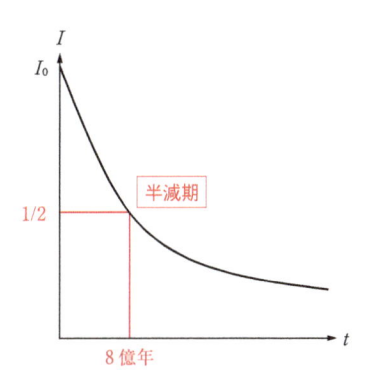

(a) sp³ 混成　　　　(b) sp² 混成　　　　(c) sp 混成

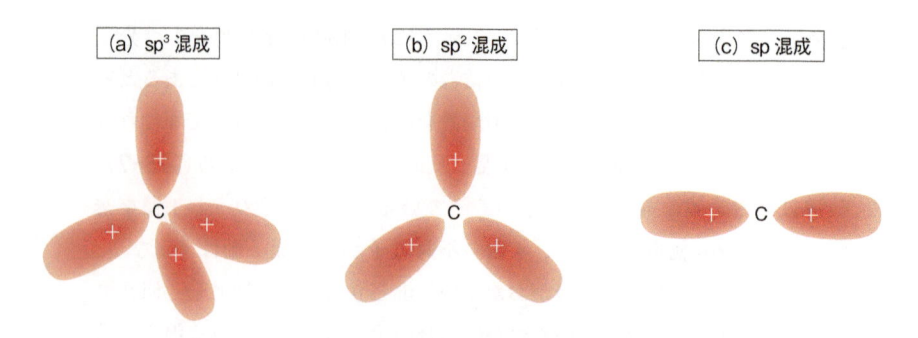

● 図 3-8　C 原子の 3 つの混成軌道

(a) sp³ 混成

　2s 軌道と 3 つの 2p 軌道をすべて混ぜ合わせ，4 つの同じ軌道（結合の手）ができる（**図 3-9**）．4 つの結合はすべてエネルギーが同じであることを考えると，空間的には正四面体（正三角形を 4 つ貼りあわせた立体）の頂点に向いた 4 方向への軌道になる．このような空間的な配置を<u>正四面体配置</u>といい，多くの炭化水素がこの構造をもっている．4 つの sp³ 混成軌道にはそれぞれに 1 個の不対電子がある．これらがすべて H 原子の不対電子とペアをつくり，安定な化学結合をつくってできるのがメタン（CH_4）分子である．4 つの C-H 結合はすべて同じ長さと同じエネルギーをもっていて，分子は正四面体の形をしている（**図 3-10**）．

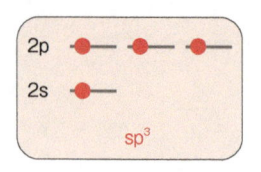

● 図 3-9　sp³ 混成軌道の電子配置

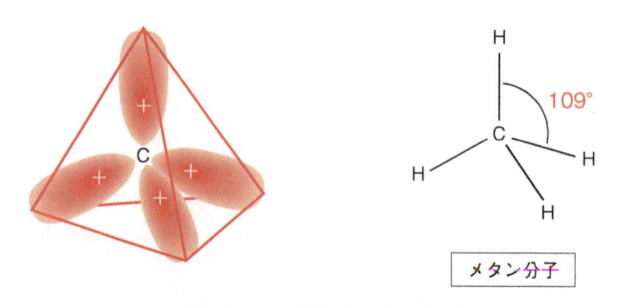

● 図 3-10　sp³ 混成の正四面体配置

(b) sp² 混成

　2s 軌道と 2 つの 2p 軌道を混ぜ合わせ，3 つの同じ軌道をつくる（**図 3-11**）．これらはすべて同一平面内にあって 120° の角度で 3 方向を向いていて等価になっている．この混成に参加していない p 軌道は，その平面に垂直にそのまま残り，不対電子が 1 個入っている．sp² 混成軌道によってできる代表的な分子はエチレン（$H_2C=CH_2$）であり，結合角はすべてほぼ 120° で 6 つの原子が同一平面上に並ぶ．3 つの sp² 混成軌道のうち 2 つの不対電子

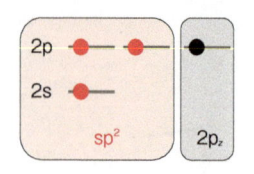

● 図 3-11　sp² 混成軌道の電子配置

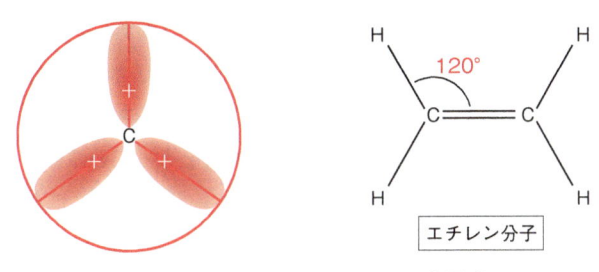

● 図3-12 同一平面上にあるsp²混成

はH原子の不対電子とペアをつくり，2つのC–H結合ができる．残りの1つはもう1つのC原子のsp²混成軌道の電子とペアをつくり，C–C結合ができる．さらにまだ混成に参加していない2p_z軌道の不対電子どうしもペアをつくってC–C結合をつくり，結局エチレン分子の炭素原子間の結合は二重結合（C=Cで表す）になっている（図3-12）．詳しくは第Ⅱ部で説明する．

➡p.56「4.5 二重結合と三重結合」参照

(c) sp混成

2s軌道と1つの2p軌道を混ぜ合わせて2つの同じ軌道をつくる（図3-13）．その2つの軌道は1軸（x軸）上で反対方向を向いている．混成に参加していない2つのp軌道はそのまま残っていて（$2p_y$, $2p_z$），この軸に垂直でかつ直交している．sp混成軌道によってできる代表的な分子はアセチレン（HC≡CH）であり，結合角はすべて180°で4つの原子が一直線上に並ぶ．この場合は2つのsp混成軌道の不対電子のうち，1つはH原子の不対電子とペアをつくってC–H結合ができ，もう1つはC原子のsp混成軌道の電子とペアをつくりC–C結合ができる．混成に参加していない$2p_y$, $2p_z$軌道の不対電子どうしもそれぞれペアとなって2組のC–C結合をつくり，アセチレン分子の炭素原子間の結合は三重結合（C≡Cで表す）になっている（図3-14）．

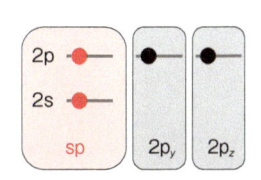

● 図3-13 sp混成軌道の電子配置

➡p.56「4.5 二重結合と三重結合」参照

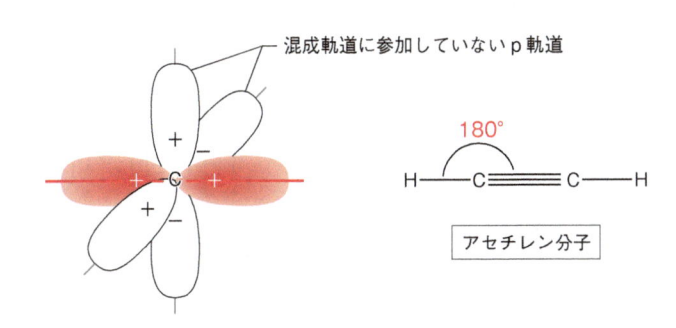

● 図3-14 一直線上にあるsp混成

このように，炭素原子には多くのバリエーションがあって，さまざまな特性や機能をもった物質を生み出すことができる．そのせいか生体内のほとんどの分子が炭素原子を骨格として含んでおり，それらをまとめて有機分子とよんでいる．主量子数3および4で同じ電子配置をもっているのがケイ素(Si)原子とゲルマニウム（Ge）原子であり，これらもやはり同じように混成軌道をつくる．特にこれらの元素は微妙に電気を通し，電流の大きさを電圧で制御できたりするので，半導体素材として最新の電子デバイスで重要な役割を果たしている．

例題 3.2

ダイヤモンドとグラファイト（石墨）は炭素原子がそれぞれ sp^3 混成，sp^2 混成軌道で結合し規則正しく並んだ結晶である．その構造を予測せよ．

解答

ダイヤモンドでは，C原子の4つの sp^3 混成軌道が他のC原子と結合し，正四面体配置で規則正しく並ぶと予測される（下図左）．すべての電子が結合しているので，結晶は固く壊れにくいと考えられる．また，結合していない電子がまったくないので，光の吸収もなく透明である．

これに対して，グラファイトは sp^2 混成軌道なので，結合角は120°になり，C原子は平面で蜂の巣のような網上に並ぶと予測される（下図右）．実際はこれが積層上に連なった結晶になっていて，もろくてはがれやすい．また，混成軌道に参加していない電子が多数あってすべての波長の光を吸収するので，可視光を反射せず色は黒色で，鉛筆の芯などに使われている．

考え方のヒント

白色（無色）と黒色の原理

人間の眼が感じることのできる光（可視光）は虹の7色で，どの色の光も吸収しないとその物質は白色（または無色）に見える．逆にこのすべての色の光を吸収すると，その物質は黒色に見える．グラファイトには sp^2 混成軌道に参加していない電子が各C原子につき1個ずつ残っているが，おたがいの電子が影響をおよぼし合っていてそれぞれのエネルギーが少しずつ異なる．したがって，固体のグラファイト全体ではすべての色の光を吸収し，黒色に見える．

ダイヤモンド（sp^3 混成）　　グラファイト（sp^2 混成）

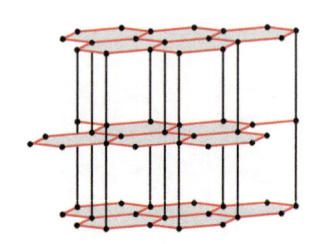

3章のポイントと練習問題

□ 電子軌道と波動関数（球面極座標で表す）

- 1s 軌道　$\psi_{1s} = A_{1s} 10^{-r}$　　　　　丸い形（球対称）　　　　　　　　　➡ 図3-3 参照

- 2p$_z$ 軌道　$\psi_{2p_z} = A_{2p} r 10^{-r} \cos\theta$　　z軸方向に伸びた形（円筒対称）　➡ 図3-4 参照

- 2p$_y$ 軌道　$\psi_{2p_y} = A_{2p} r 10^{-r} \sin\theta \sin\varphi$　　y軸方向に伸びた形（円筒対称）　➡ 図3-5 参照

- 2p$_x$ 軌道　$\psi_{2p_x} = A_{2p} r 10^{-r} \sin\theta \cos\varphi$　　x軸方向に伸びた形（円筒対称）　➡ 図3-5 参照

□ 炭素原子の混成軌道

- sp^3 混成軌道　　s軌道と3つの2p軌道の混ぜ合わせ　　正四面体配置　　➡ 図3-9, 図3-10 参照

- sp^2 混成軌道　　s軌道と2つの2p軌道の混ぜ合わせ　　平面内で3方向　　➡ 図3-11, 図3-12 参照

- sp 混成軌道　　s軌道と1つの2p軌道の混ぜ合わせ　　直線状で逆方向　　➡ 図3-13, 図3-14 参照

問題 3-1　球面極座標の三角関数である $\sin\theta$ と $\sin\varphi$ をデカルト座標を使って表せ．

➡ 図3-2 と p.36「三角関数」を見て考えよう．

問題 3-2　反応による原子数の減少は指数関数 $y = 10^{-ax}$ で表される．ある原子が最初の量の 10% に減少するのに 18 分かかった．これがさらに減少して 1 ppm（百万分の 1）になるのにはどれくらいの時間がかかるか．

➡ p.43 にある「放射性元素の半減期」の式を使って計算しよう．

II部
分子の性質はなぜ違うのだろう

水分子（H_2O）の構造と分子軌道の波動関数をコンピューターで計算した形．

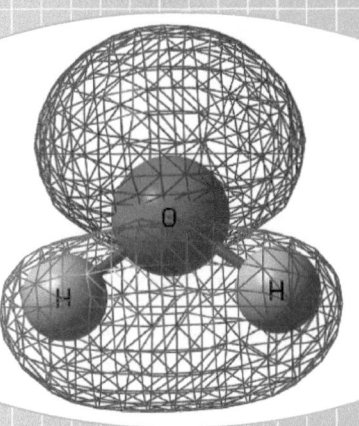

　多くの物質は分子によってできている．たとえば，液体の水はH_2O分子が凝縮してできたものである．O原子は結合の手を2つもっており，それぞれに1つずつH原子が結合してH_2O分子となり，二等辺三角形の構造となる．分子の構造と性質の間には深い関係がある．水の場合，O原子が電子を引きつけやすく，H原子は逆に電子を他の原子に与えやすいので，二等辺三角形内で電荷の空間的な偏り（分極）が大きくなり，分子どうしの引きつけ合いも強い．したがって，離れ離れの気体分子になるのには大きなエネルギーを必要とし，沸点が高いのである．また，水は，ごく一部ではあるが分子が解離してイオンとなり，電気を通す．そのような分子の構造がどのように決まっているのかについて，基礎的な考え方を説明する．さらに，分子は，振動や回転といった原子核の運動をくり返していて，形や大きさも絶えず変化している．これが実際には化学反応や状態の変化を促進していて，化学の重要なポイントとなっていることにもふれる．

4章 化学結合のしくみ

原子をつないで分子をつくるのが化学結合であるが，＋の電荷をもつ2つの原子核をいくら近づけても，電気的な反発があるので決して結合することはない．安定した化学結合は，その間に－の電荷をもつ電子をうまく挟み込むことによって可能になる．ここではまず，化学結合がどのようにしてできているのかを考えてみる．さらに，分子軌道（分子全体を考えた波動関数）というものを数式できちんと説明し，分子の形と性質を見てみよう．

4.1 化学結合の種類

分子というのは千差万別で，もちろんそれぞれの個性を知ることはとてもたいせつであるが，いくつかのカテゴリーに分類して総括的に理解することも必要である．まずは，化学結合に焦点を絞ってその種類をまとめてみる．

(a) 共有結合

原子と同じように，分子のエネルギー準位にも最大2個まで電子が入ることができる．原子が1個ずつ電子を出し合い，それらが1つのエネルギー準位に入ってペアになり，安定な化学結合をつくる．これを**共有結合**という（図4-1）．たとえば，水分子（H_2O）は2つのO－H共有結合によってできている．炭酸ガスは，2つのC－O共有結合でできる二酸化炭素分子（CO_2）の気体である．

● 図4-1 O－Hの共有結合

(b) イオン結合

Li, Na, Kなどのアルカリ金属原子は陽イオンになりやすく，逆にF, Cl, Brなどのハロゲン原子は陰イオンになりやすい．したがって，この2つが結合するとアルカリ金属原子の電子が1個ほぼ完全にハロゲン原子に移り，イオンどうしが結合しているような形になる．これは，＋の電荷と－の電荷の間の電気的な引力がそのまま結合力となった強い結合で，**イオン結合**とよばれる（図4-2）．塩化ナトリウム（NaCl）は，水に溶けるとすべてNaとClが解離して，Na^+とCl^-になっているが，固体の結晶中ではそれらが互い違いに規則正しく並び，強くて安定なイオン結晶をつくっている．

● 図4-2 NaClのイオン結合

(c) 金属結合

　金（Au），銀（Ag），銅（Cu）などの金属の構造は少し変わっていて，固体の中で原子核が空間的に規則正しく並んでいる．多くの金属原子は原子番号が大きく，たくさんの電子が原子核の周りを取り巻いているので，原子核の＋の電荷どうしの反発が小さくなり，結合が強くなって結合長も短くなる（図4-3）．そのため原子が固体内に高密度に充填されるので，金属は一般に密度が大きく重い．また，原子核を取り巻く電子の一部は1つの原子にとどまらず固体内を自由に動き回っている．これを**金属電子**（あるいは**自由電子**）とよんでいる（図4-4）．固体金属に電圧をかけるとこの金属電子はすみやかに固体内を移動する．金属が電気をよく通す（電気伝導性をもつ）のはそのためである．

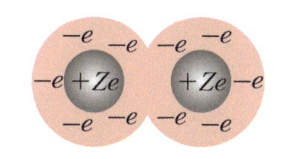

●図4-3　金属結合

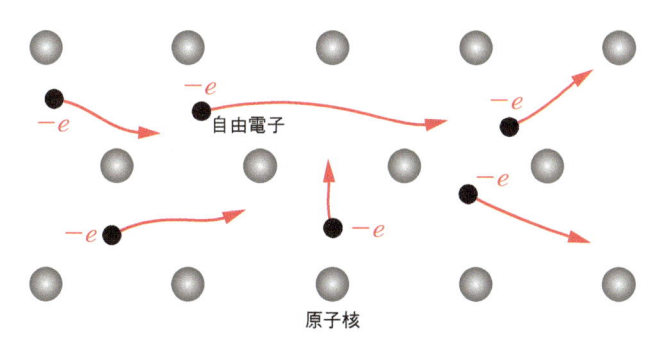

●図4-4　金属の中の自由電子

(d) 水素結合

　水分子（H_2O）は二等辺三角形で，O原子は電子を引きつけやすく，逆にH原子は電子を他に与えやすいので，結果として電子はO原子のところに集まり，その部分が－の電荷を帯びる（図4-5ではδ^-で表してある）．一方，H原子の部分は＋の電荷を帯びる（図ではδ^+で表してある）．そこにもうひとつのH_2O分子があると，δ^-の電荷をもつO原子とδ^+の電荷をもつH原子が近づいて，電気的な引力によって弱い結合ができる．これを**水素結合**という．

　液体の水や氷では，この水素結合が三次元のネットワークをつくり，分子どうしが絡み合った構造になっている．水素結合は簡単にできると同時に，分子自体を壊すことなく比較的簡単に切ることもできるので，生体内の化学反応で重要な役割を果たしている．

●図4-5　水分子の水素結合

4.2 共有結合のメカニズム

多くの原子には不対電子があり，それぞれが特定のエネルギー準位に入っている．その2つがうまくペアをつくると安定な化学結合ができ，分子となる．**図4-6**は最も簡単な分子である水素分子（H_2）の共有結合を示したものである．水素原子の原子核（プロトン）は $+e$ の電荷をもっていて，これを2つ近づけても電気的な反発があって決して化学結合をつくることはない．この反発をなくすためには $-e$ の電荷をもつ電子がうまく作用する必要がある．それを理解するためには**分子軌道**（Molecular Orbital）というものを知らなければならない．

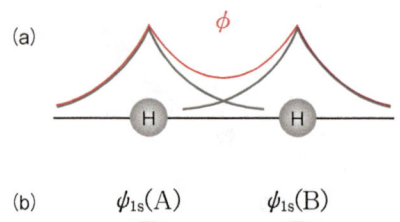

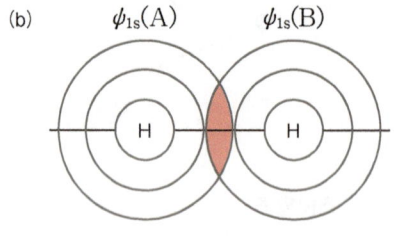

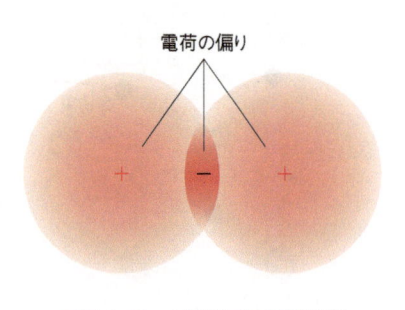

● 図4-6 水素分子の共有結合
(a) は結合軸上での波動関数の重なりを示したもの．(b) は2次元平面で見たもの．

● 図4-7 水素分子の電荷分布
図4-6は波の山（＋）の重なりを表しているが，この図は電荷の偏りで表している．2つの原子の中央では波が重なり合って強め合い，電子の存在確率は高くなる．電子は－の電荷をもつので，この領域では－の電荷が集まり，電気的に－になる．

考え方のヒント

c_A, c_B が負（－）の値

分子軌道をつくるときには，原子の軌道の山（＋）か谷（－）かも考えて組み合わせないと形が変わってしまう．そのどちらかを示すのが c_A, c_B の値の正負であり，これが負（－）の値であれば原子軌道の山と谷が逆転する．s軌道とp軌道では次のようになる．

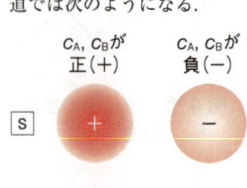

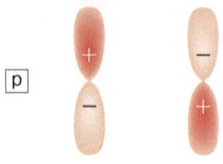

原子が結合するとエネルギー準位も変化し，分子全体のエネルギー準位ができる．そして，その各々の準位に分子全体を考えた軌道が対応する．これを原子の軌道の組み合わせで表現してみる．

水素原子の電子は1s軌道〔これを $\phi_{1s}(A)$, $\phi_{1s}(B)$ で表す〕に入っている．2つの水素原子が近づくと1s軌道がたがいに重なり合い，新たな軌道ができる．これが分子軌道の波動関数であり，次のような式で表す．

$$\phi = c_A \phi_{1s}(A) + c_B \phi_{1s}(B)$$

ここで，c_A, c_B はそれぞれAとBの水素原子の1s軌道が，その組み合わせである分子軌道にどれくらい寄与するかを表す定数で，たとえば0.1とか－0.5という一定の値をとる．負の値のときには波の山（＋）と谷（－）が反対になっている．

安定な水素分子では 1s 軌道が山（＋）どうし同じ割合で重なるので $c_A = c_B$ となる．簡単のためにその値を 1 とすると分子軌道は

$$\phi = \phi_{1s}(A) + \phi_{1s}(B)$$

と書くことができる．

さて，水素原子の 1s 軌道は丸い形をしていて，2 つの H 原子が近づくと，軌道は 2 つの原子核の中間で重なる．1s 軌道の波動関数の値はその重なった部分で大きくなる．波動関数の値の 2 乗が電子の存在確率を表すので，この結果，原子核の中間に－の電荷をもった電子が集まり，空間的な電荷はその付近で－に偏る．原子核のところではその重なりは中間の領域ほど大きくないので電子の存在確率の増加も小さく，原子核の＋の電荷のほうが勝って電気的に＋に偏る．そうすると，分子全体として＋－＋という電荷分布になり，＋の電荷をもつ原子核どうしの反発がなくなる（図 4-7）．これが安定な共有結合ができるメカニズムである．

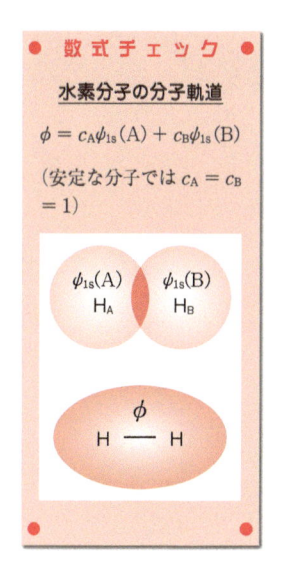

● **数式チェック** ●

水素分子の分子軌道

$$\phi = c_A\phi_{1s}(A) + c_B\phi_{1s}(B)$$

（安定な分子では $c_A = c_B = 1$）

$\phi_{1s}(A)$　$\phi_{1s}(B)$
H_A　H_B

ϕ
H － H

数学を使おう

線形結合　$y = c_1x_1 + c_2x_2 \cdots + c_nx_n$

数値の大きさがいくつかの変数の組み合わせで決まることは物理や化学では多い．これを次のような式で表す．

$$y = c_1x_1 + c_2x_2 + \cdots + c_nx_n = \sum_i c_ix_i$$

ここで，$c_1, c_2, \cdots, c_n$ は決まった値の定数，$x_1, x_2, \cdots, x_n$ は変数である．この式は各変数の 1 次の項だけの和の形になっているので，**線形結合**あるいは **1 次結合**という．線形というのは英語の和訳から来ているようだが，y の値をグラフにすると直線になるという意味だと考えてよい（たとえば $y = c_1x_1$ のグラフを思いうかべるとよい）．

$\sum_i c_i\psi_i$ は，i についてすべての項の和をとるということを表し，**総和**という．

さて，分子軌道の場合は，各原子の軌道 $\psi_1, \psi_2, \cdots, \psi_n$ の線形結合をとって，

$$\phi = c_1\psi_1 + c_2\psi_2 + \cdots + c_n\psi_n$$

と表すことが多い．これは，原子軌道の線形結合という意味で，**LCAO** (**L**inear **C**ombination of **A**tomic **O**rbital) とよばれる．ϕ はギリシャ語のファイである．具体的には，原子軌道は 1s 軌道や 2p$_x$ 軌道などであって，これを組み合わせて適当な LCAO をつくり，分子全体の軌道を表現する．

4.3 s軌道とp軌道の共有結合

これまでは，1s軌道どうしの共有結合を考えてきたが，p軌道も同じように共有結合をつくることができ，多くの分子でその骨格をなしている．**図4-8**は，その例として塩化水素（HCl）分子（水に溶けると塩酸になる）の共有結合と波動関数の重なりのようすを示したものである．これを結合軸上でくるりと回してやると球対称と円筒対称の軌道が重なり合ったHClの分子軌道になる．LCAOで表すと

$$\phi = c_H \psi_{1s}(H) + c_{Cl} \psi_{3p}(Cl)$$

となる．Cl原子では3p軌道に5個の電子が入り，1個は不対電子になっている．そこにH原子の1s軌道の電子が入ってペアをつくり共有結合ができる．この場合，Clの3p軌道〔$\psi_{3p}(Cl)$〕とHの1s軌道〔$\psi_{1s}(H)$〕がうまく重なり合うためには，1s軌道は3p軌道の伸びた方向になくてはならず，したがって共有結合はこの方向にしかできない．

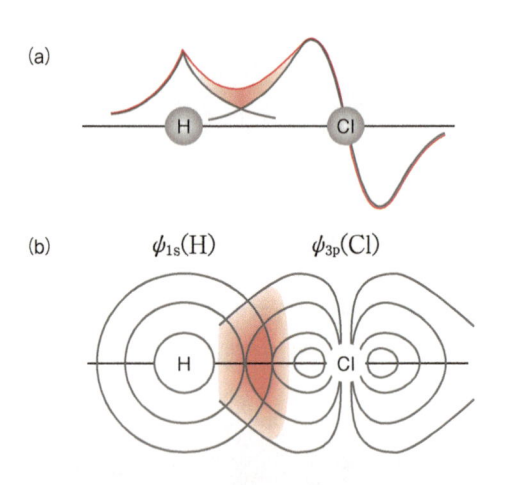

●図4-8 HCl分子の共有結合
(a) は結合軸上での波動関数の重なりを示したもの．
(b) は2次元平面で見たもの．

水（H₂O）分子には2つのO-H結合があるが，これもs軌道とp軌道の共有結合である（**図4-9**）．O原子の2p軌道には2個の不対電子があり，空間的に直交する2つの2p軌道（たとえば$2p_x$と$2p_y$）に1個ずつ入っている．そして，それぞれの2p軌道が，別々のH原子の1s軌道と共有結合する．そのため，共有結合の方向はおたがいに垂直になり，H₂O分子は直角二等辺三角形の形になると予測される（実際にはH原子間の反発があり，結合角は少し広がって104°になっている）．このように，分子軌道の波動関

数や電子配置を考えると共有結合を深く理解することができる．たとえば，直線形の H₂O 分子などあり得ないということはすぐにわかる．

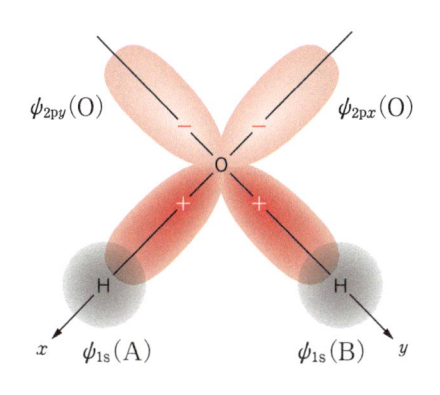

●図 4-9　H₂O 分子の共有結合

> **例題 4.1**
>
> 水分子の分子軌道を LCAO で表せ．
>
> **解答**
>
> H₂O 分子の 2 つの共有結合は，O 原子の 2p$_x$，2p$_y$ 軌道〔ψ_{2px}(O)，ψ_{2py}(O) と表す〕と，A，B 2 つの H 原子の 1s 軌道〔ψ_{1s}(A)，ψ_{1s}(B) と表す〕からできている．2 つの O－H 結合の軌道は次のように表される．
>
> $$\phi_1 = \psi_{2px}(O) + \psi_{1s}(A)$$
> $$\phi_2 = \psi_{2py}(O) + \psi_{1s}(B)$$
>
> 分子全体としては，これら 2 つの和をとればいいので，図 4-9 に示した H₂O の分子軌道の波動関数は，最終的に
>
> $$\phi = \phi_1 + \phi_2 = \psi_{2px}(O) + \psi_{1s}(A) + \psi_{2py}(O) + \psi_{1s}(B)$$
>
> と表される（図 4-10）．

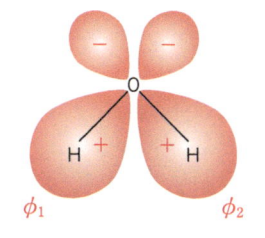

●図 4-10　H₂O 分子の波動関数

ψ_{2px}(O) は O 原子の右上から H 原子のほうへ伸びた p 軌道であり，これに H 原子の ψ_{1s}(A) 軌道が重なると山（＋）部分の波が強くなり，等高線で描くとその部分が大きくなる．これが ϕ_1 であり，それと同じ形と符号の ϕ_2 は左右逆転したものである．この 2 つを組み合わせると分子軌道の波動関数 ϕ ができる．

4.4　p 軌道と p 軌道の共有結合

p 軌道は 1 方向だけに伸びた軌道であり，p 軌道を 2 つ結合させようとすると，図 4-11 に示したような 3 とおりが考えられる．

結合軸（z）に平行な2つのp_z軌道を結合させると，2つの結合の手ががっちり握手する形になる．この軌道にある不対電子がペアをつくると強い結合ができ，これを*σ結合*（σ：シグマ）という．これに対して，結合軸に垂直なp_y軌道どうし，およびp_x軌道どうしは，その伸びた方向を横にして平行に並ぶ．この場合は一見軌道がうまく重ならないように思われるが，p軌道自体は空間的に大きく広がっていて，平行に並んでいても少なからず重なり合いを生じて結合ができる．これを*π結合*とよぶ．π結合はσ結合に比べると弱い結合である．

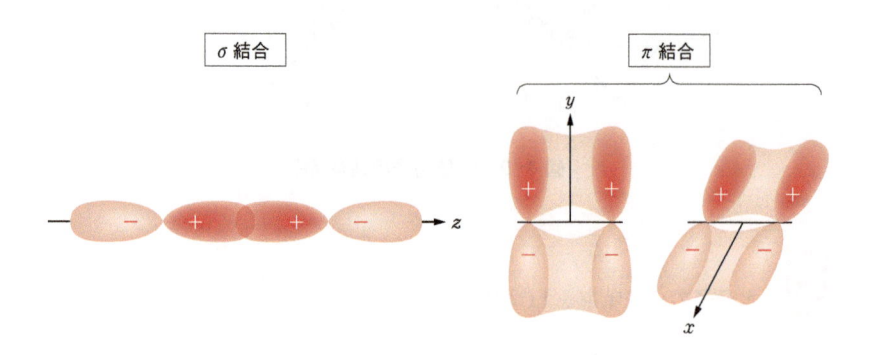

● 図4-11　p軌道どうしの共有結合

4.5　二重結合と三重結合

3つの2p軌道（$2p_x$, $2p_y$, $2p_z$）は3方向へ伸びた軌道であり，それぞれが独立に同時に結合をつくることができる．これが，二重結合または三重結合のしくみである．その典型的な例が，空気の主成分である酸素（O_2）分子と窒素（N_2）分子である．

O原子は2つの2p軌道に不対電子をもつ．これを$2p_z$, $2p_y$としよう〔図4-12（a）〕．2つのO原子をz方向から近づけると，その方向に伸びている$2p_z$軌道の不対電子がペアになって強いσ結合をつくり，もうひとつの$2p_y$軌道はこのσ結合に垂直に並列し，不対電子がペアになってπ結合をつくる．こうしてO_2分子（O=O）ができる．これを*二重結合*という．

これに対して，N原子は3つの2p軌道（$2p_x$, $2p_y$, $2p_z$）に不対電子をもつ〔図4-12（b）〕．2つのN原子をz方向から近づけると，その方向に伸びている$2p_z$軌道の不対電子がやはりペアになって強いσ結合をつくる．残りの2つの$2p_y$, $2p_x$軌道はこのσ結合に垂直にかつ直交して並列し，それぞれの不対電子がペアになって2組のπ結合をつくる．これがN_2分子（N≡N）の*三重結合*である．

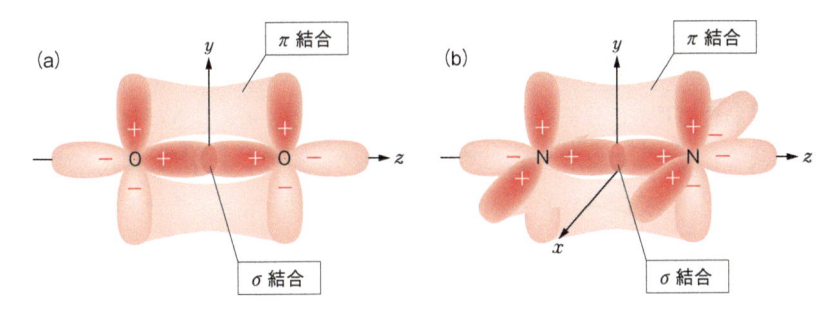

● 図 4-12　二重結合（a）と三重結合（b）

σ結合とπ結合　　　Column

　私は，化学でいちばん重要なのがπ結合だと思っています．それをわかってもらうために，σ結合とπ結合の性質を比較してみて違いを明らかにするのがよいでしょう．図 4-11 の分子軌道を見ると直感的にわかるのですが，ひとことでいうとσ結合はがっちり握手した強くて指向性の高い結合，π結合は弱くて空間的に広がった（非局在化ともいいます）結合です．

　また，対称性からもその違いを認識することができます．σ結合を結合軸の方向から見ると，360°すべての角度で波動関数の値は同じになっていて，軸の回りにどんな角度で回してもその値や符号が変わることはありません．これを円筒対称といいますが，σというのはこのように軸回りの回転に対して符号が変わらないという対称性を表しています．ギリシャ語のσは後にアルファベットのsになったもので，原子のs軌道も同じ対称性をもっています．これに対して，π結合は結合軸の回りに回転させると波動関数の値が変化し，180°で符号が逆になります．πは後にアルファベットのpになったもので，原子のp軌道も同じように180°で回転させると符号が逆になります．

　ほとんどの場合，π結合はσ結合と同じ所に同時にできるので，2つ合わせて二重結合とよんでいます．2つの結合の手があって両手で握手しているようなものですが，このようにσ結合とπ結合は強さや対称性が違うので，二重といっても性質の異なる2つの結合になります．次章で詳しく見てみることにしますが，二重結合を含む分子にはエチレンとかベンゼンとかおもしろい分子がたくさんあって，π結合はその絶妙な化学過程になくてはならないものなのです．σ結合はがっちり結合，骨みたいなものですが，これに対して，π結合は柔らかい筋肉のようなもので，腕や足のように機能をもたせようとするときにすぐれたしくみです．

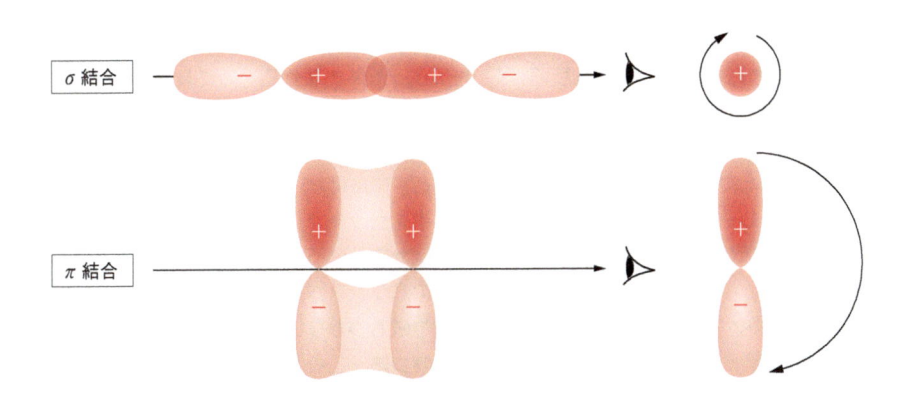

4.6 化学結合のポテンシャルエネルギー

化学結合の長さは分子によってさまざまであるが，その長さはどのようにして決まっているのだろうか．不対電子をもつ2つの原子の間には共有結合ができるが，ここではポテンシャルエネルギーを使って二原子分子の化学結合を詳しく考えてみる．

いま2つの原子核の間の距離を R とする．2つの原子がはるか遠くに離れていたら（$R=\infty$），エネルギーはある一定の値をとっているが，だんだん

環境と化学

空気を守ろう

空気の主成分は N_2 分子と O_2 分子で，これらの3:1の混合気体です．実はこの割合が絶妙で，われわれが快適に生きていくのに最適な値になっています．この割合でなければならない理由は，2つの分子の化学的な活性の違いにあります．二重結合や三重結合は一重結合に比べると強いので，N_2 と O_2 分子はともに安定で不活性のように思われます．N_2 分子は確かに不活性で普通の状態では化学反応をほとんど起こしません．しかしながら，O_2 分子はかなり活性です．O_2 分子は，本来は σ 結合と π 結合を1つずつつくって安定な分子になるはずなのですが，実際には O_2 分子に固有の特別な効果があり，π 結合が切れて2つの不対電子ができています．そのため温度や圧力を高くすると他の分子と反応し，発熱して新たな化合物になります．これが燃焼反応です．われわれの体内も炭水化物の燃焼反応でエネルギーを得ています．炎のような激しい反応ではありませんが，酵素がその反応をうまくコントロールしています．

もちろん，不活性な N_2 分子だけではわれわれはエネルギーを得ることができませんが，逆に活性な O_2 分子100%ではあちこちで激しい燃焼反応が起きてたいへんなことになるし，われわれの身体もエネルギーを出しすぎてすぐに燃え尽きてしまいます．化学反応でいちばんたいせつなことはいかにしてその進み方をコントロールするかであって，空気のなかでは75%の不活性な N_2 分子がその役割を担っているのです．その割合が50%では燃焼が激しすぎて危ないし，90%では多くの物が燃えなくなるし，この絶妙の割合をこれからも守っていかな

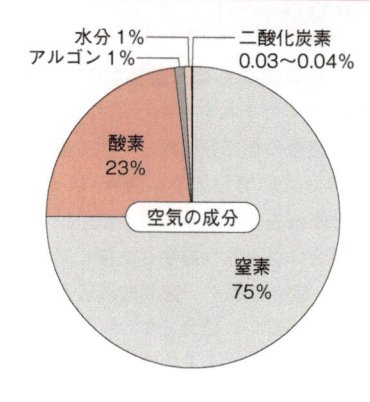

空気の成分
- 水分 1%
- アルゴン 1%
- 二酸化炭素 0.03〜0.04%
- 酸素 23%
- 窒素 75%

ければなりません．

そもそも地球の大気の中の O_2 分子は植物の光合成により長い年月をかけて蓄えられたもので，太陽系の他の惑星で大気に O_2 分子を含むものはありません．そこで，空気中の O_2 分子の割合を保つためには植物を減らさない，動物を増やしすぎないといった方策が必須なのです．

また，二酸化炭素（CO_2）分子の割合は今では約0.04%ですが，50年前は0.03%でした．この増加とともに地表の平均温度が上昇していることがわかっていますから，元に戻さなくてはなりません．だいたい25%の削減が必要というわけです．

これだけではありません．地表の温度が上昇すると空気中の水（水蒸気）の量も増加し，温暖化に拍車をかけますし，植物の分布も変わってしまいます．ほかにもいろいろな因子が考えられ，もし今の空気のバランスが崩れるとどのような変化が起こるかは想像もつかないのです．まずは空気をきれいにたいせつに，これが最優先の環境問題だと思います．

近づいていくと原子核の中間で2つの原子の波動関数が重なり，電子の存在確率がその領域で大きくなる．したがって，そこでは空間的な電荷が−になり，＋の電荷をもつ原子核間の電気的な反発を打ち消すのでエネルギーは小さくなる．この効果は原子どうしが近づいていくほど大きくなるが，さらに接近すると原子核の間の反発のほうが有効になって逆にエネルギーは大きくなっていく．この2つの効果を足し合わせたのが**化学結合のポテンシャルエネルギー**である（**図4-13**）．

その結果，ある核間距離（R_0）のところでエネルギーが最小（$-E_0$）となり，そこで分子は安定に保たれることになる．これを**平衡核間距離**または**結合長**といい，水素分子ではおよそ 0.1 nm（1×10^{-10} m）である．

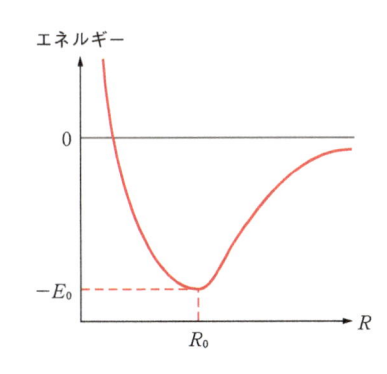

● 図4-13 化学結合のポテンシャルエネルギー

考え方のヒント

原子の間に働く電気的な力

H原子の原子核は $+e$ の電荷をもつので，クーロンの静電斥力（1章，p.11参照）により2つが近づくとポテンシャルエネルギーは急激に大きくなり，$R=0$ では無限大になってしまう．一方，1s軌道が重なって安定化する効果を考えると，$R=0$ で重なりが100%になってエネルギーは一定の最大値をとる．この2つを合わせると図4-13のような化学結合のポテンシャルエネルギーの形になるのである．

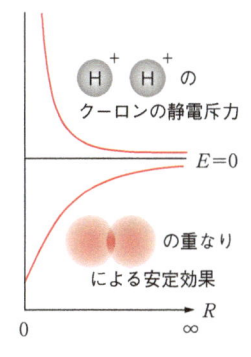

4章のポイントと練習問題

□ **化学結合の種類**

化学結合には，共有結合，イオン結合，金属結合，水素結合などがある．

□ **分子軌道の波動関数**

原子軌道の組み合わせで分子軌道をつくり，波動関数はその線形結合（LCAO）で表す．

水素分子の波動関数　　$\phi = c_A\phi_{1s}(A) + c_B\phi_{1s}(B)$

□ **σ結合とπ結合**

p軌道どうしの結合には，σ結合とπ結合があり，それらが同時にできるのが，二重結合，三重結合である．

図4-1，図4-2，図4-3，図4-5参照

図4-6参照

図4-11，図4-12参照

図4-6 (a) で右側のH原子の1s軌道を−にして考えよう．

問題 4-1　水素分子の分子軌道 $\phi^* = \phi_{1s}(A) - \phi_{1s}(B)$ を考え，これを図示せよ．また，その軌道の安定性を考察せよ．

図4-12 (b) のp軌道どうしの線形結合を考えよう．

問題 4-2　窒素分子（N_2）のσ軌道と2つのπ軌道の波動関数を書け．

O原子の$2p_z$軌道とC原子のsp^2混成軌道でσ結合ができる．π結合はO原子の$2p_x$軌道とC原子のsp^2混成に参加していない$2p_x$軌道でつくろう．

問題 4-3　ホルムアルデヒド分子（$H_2C=O$）のσ結合とπ結合の波動関数を図で示し，その電子配置と分子の形を考察せよ．

5章 分子の形

水（H_2O）の分子は二等辺三角形をしているが，同じ三原子分子でも二酸化炭素は棒状である．分子の形にはそれぞれ固有の理由があって，原子の電子配置と化学結合の種類によって決まっている．化学結合の長さも分子に固有の値で，分子の大きさも電子配置による．ここではいくつかの代表的な分子についてその形と大きさを詳しく見てみよう．

　二原子分子には化学結合が1つしかなく，その結合の長さを求めればそれだけで構造が完全に決まる．しかし，原子が3つ以上になると（これを多原子分子という）その構造には，平面かそうでないか，多角形か歪んでいるかなど，いくつかのバラエティーが出てくる．さらに原子の数が多くなると分子の形は千差万別となる．まずはいくつか典型的な分子を例にとって，特にそれぞれの対称性を考察しながら詳しく説明する．そのキーポイントは，分子を構成している原子の電子配置と化学結合の組み合わせであり，引きつけやすいとか，反応しやすいなどという分子としての性質は，左右同じなどといった対称性によって説明することができる．

5.1 H_2O は二等辺三角形

　水分子は2つのO-H結合によってできているが，**図5-1**にその電子配置と分子軌道を示してある．O原子は8個の電子をもっていて，$2p_x$軌道と$2p_y$軌道に1個ずつ不対電子が入っている．それぞれがH原子の1s軌道の電子とペアをつくり，2つのO-H共有結合ができる．$2p_x$軌道と$2p_y$軌道

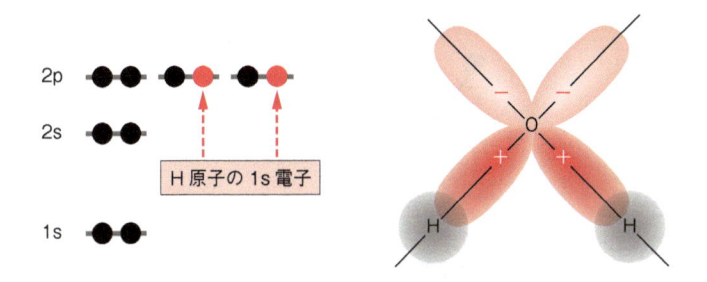

● 図5-1 H_2O 分子の電子配置と分子軌道

はおたがいに直交する方向に伸びており，それぞれの結合はその方向にしかできないので，結局2つのO−H結合も直交することになる．H_2O分子は全体を見ると左右対称なので，2つの結合は長さも強さも同じになり，その結果，分子の形は直角二等辺三角形になると考えられる．あまりにも小さいので分子の形を直接見ることはできないが，いろいろな実験から形は確かに二等辺三角形で，OH結合の長さは0.096 nm，その間の角度は104°になっていることがわかっている．角度が90°から広がっているのは＋の電荷をもつH原子核どうしの電気的な反発によるものであると考えられている．

数学を使おう

対称三要素（回転軸，鏡映面，対称心）

物体の対称性を取り扱う数学は「群論」である．これを学ぶのはたいへんだが，そのエッセンスとルールを知っておくだけで，分子の対称性をよく理解できる．ここでは，その基本となる3つの対称要素を紹介しよう．

物体の対称性というのは，何らかの規則に従って空間のある点を動かしたら同じ点に重なるということである．たとえば建物が左右対称というのは，右のある地点に屋根や窓があったら中心に鏡を立てて反対側に移すとやはりそこに同じ屋根や窓があるというものである．対称性には，線，面，点に対する3つがあり，これを**対称三要素**という（図5-2）．

線対称は，直線（軸）の回りに一定の角度で回転させるとすべての点が重なる場合をいう．物体で考えるとプロペラのようなもので，2枚羽根のプロペラは180°回すと重なる（360°回すと2回重なる）ので2回対称といい，その軸を2回回転軸とよぶ．3枚羽根のプロペラは120°で重なる3回対称である．

面対称は，1つの平面（鏡映面）に対して鏡に映したように点を移動させたときすべての点が重なる，いわゆる左右対称の物体である．鏡映面をもつ分子は結構多い．すべての原子が同一平面上にある分子を平面分子とよぶが，その平面自体も鏡映面であり，鏡に映しても原子の位置が動かない面対称となる．

点対称は，ある点（対称心）に対して180°ぐるりと回転させるとすべての点が重なる場合で，分子でいえばベンゼンのような平面の正六角形のものがもっている．水分子には対称心はない．

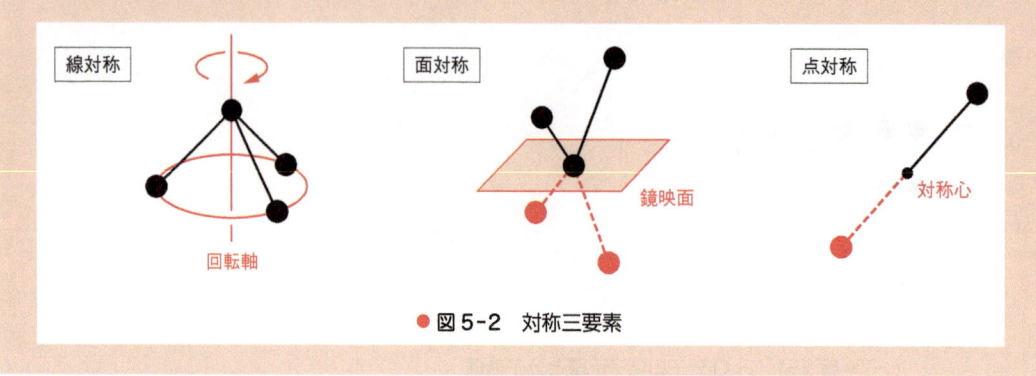

● 図5-2　対称三要素

例題 5.1

水分子（H_2O）のもつ対称要素を示せ．また，図 5-1 の分子軌道もその対称性をもっていることを説明せよ．

解答

水分子（H_2O）は二等辺三角形で，図 5-3 に示すような 3 つの対称要素をもっている．ひとつは分子の中心を通る直線を軸とする 2 回回転軸で，H 原子は 180°回すともうひとつの H 原子と重なる．O 原子はこの回転では動かないのでもちろん重なる．2 つめは，分子面そのものの鏡映面で，すべての原子がこの面の上にあるので鏡で映しても動かない．最後は，この分子面に垂直な鏡映面で，H 原子を鏡に映すともうひとつの H 原子と重なる．

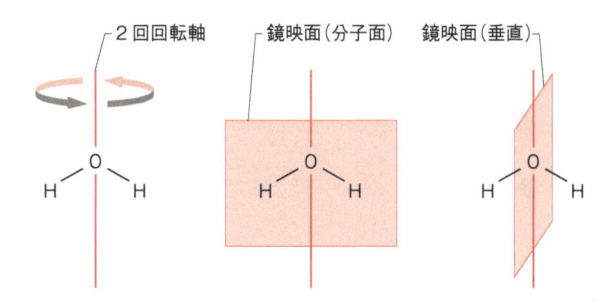

● 図 5-3　水分子の対称要素

次に，図 5-1 に描いてある分子軌道（右図）をこれらの対称要素で動かしてみる．O 原子の $\phi_{2px}(O)$ を 2 回回転軸で 180°回すと，山（＋）と谷（－）の方向も含めて $\phi_{2py}(O)$ と重なる．同じように，H 原子の $\phi_{1s}(A)$ を 2 回回転軸で 180°回すと $\phi_{1s}(B)$ と重なる．したがって，分子軌道

$$\phi = \phi_1 + \phi_2 = \phi_{2px}(O) + \phi_{1s}(A) + \phi_{2py}(O) + \phi_{1s}(B)$$

を 2 回回転軸で 180°回してもこの式はまったく同じ形になる．同じように 2 つの鏡映面で鏡に映してもこれらの波動関数は完全に重なる．つまり，この分子軌道は分子全体と同じ対称性をもっている．

考え方のヒント

分子軌道の対称性

LCAO でつくった分子軌道の形は分子自体の対称性を守っていなければならない．たとえば水分子は左右対称である．したがって，図 5-1 の分子軌道は左右の形が同じであるが，$\phi_{2py}(O)$ を 1s 軌道や 2_{pz} 軌道にすると左右の形が違ってくる．このような分子軌道は存在しない．

5.2　NH₃ は正三角錐

　アンモニア分子（NH₃）は正三角形を底にして二等辺三角形を3つ貼り合わせた正三角錐の形をしている．図5-4はN原子の電子配置とNH₃分子の結合のようすを示したものである．原子番号8のN原子は2p$_x$, 2p$_y$, 2p$_z$軌道に1個ずつ不対電子をもっているが，それぞれがH原子の1s軌道の電子とペアになると，安定なNH₃分子ができる．3つのN−H結合は，N原子の2p$_x$, 2p$_y$, 2p$_z$軌道が伸びた方向にしかできないので，NH₃分子は必然的に正三角錐の形になる．図5-5は，NH₃分子のもつ対称性を示したものである．まずは線対称として，N原子を中心に分子が120°回転するとすべての原子が重なる．これは3回回転軸である．さらに，面対称としては，N−H結合を含む3つの鏡映面が存在し，全部で4つの対称要素をもつ．

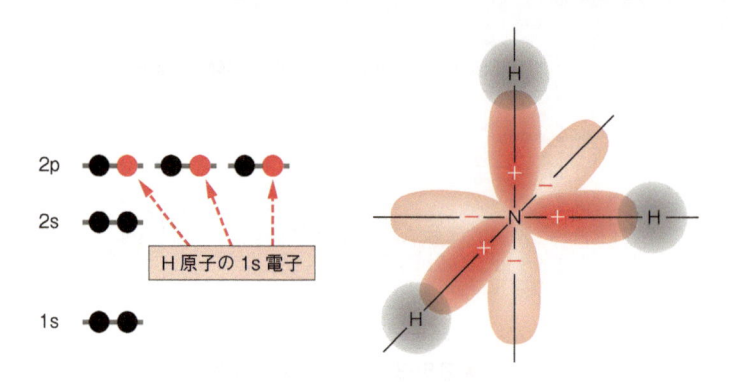

● 図5-4　NH₃分子の電子配置と分子軌道

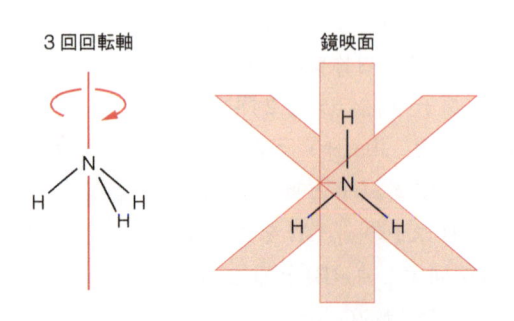

● 図5-5　NH₃分子のもつ対称要素

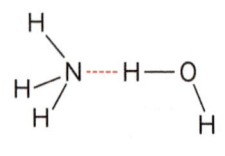

● 図5-6　アンモニアと水の会合体

　このようなNH₃分子の形はその性質にどのように関与しているのだろうか．アンモニアは常温では気体であるが，水によく溶けてアンモニア水になる．NH₃分子はプロペラのようになっているが，その羽根が片方に偏っているため，その反対方向からH₂O分子がN原子に近づきやすい構造になっている．実際のアンモニア水では，NH₃分子とH₂O分子が会合していて，NH₄OHという形になって安定化している（図5-6）．

不斉炭素と対掌体　　　Column

CH$_4$分子の4つのH原子のうち3つをすべて異なる原子で置換すると，ちょっとおもしろいことが起こります．たとえば図5-7のように，CHFClBrという分子を考えてみましょう．

sp^{3}混成軌道の正四面体配置の4つの結合がすべて異なるとき，このC原子を**不斉炭素**といい，C*で表します．この4つの結合のうち2つを入れ替えると，方向が違って立体的に重ならない2種類の分子があることがわかります．図5-7には，この分子のClとBrを入れ替えたものを，鏡を挟んで反対向きに置いてみました．2つの分子は鏡で映すと重なるのですが，同じものではありません．試しにC－H結合を軸にしてくるりと回してみてください．ClとBrが入れ替わりますね．これら2つは，ちょうど右手と左手の関係と同じなので**対掌体**とよばれています．対掌体をもつ分子をキラル分子といいます．キラルというのはギリシャ語の「手」に由来しているそうです．しかし，分子自体の大きさや形，エネルギーといった性質は完全に同じなので2つを区別することができず，通常は両方の対掌体が半々の割合で含まれていてその混合物をラセミ体といったりしています．

さて，本当におもしろいのはここからで，実はわれわれ人間の生体は，不思議なことにその片方だけを選択的に使っています．どうやら複雑な生命機能を働かせるために，不斉炭素の立体選択性を駆使し，立体パズルのように，きちんと形が合う分子だけを選び分けて使っているようです．図5-8にはアミノ酸のひとつであるアラニン分子の構造を示してありますが，この場合は対掌体をLとDで区別していて，われわれの生体はこのうちL体しか使っていないのです．そこで問題になるのが，普通に手に入るラセミ体を原料として使っていると，そのうちの半分しか役に立たないということです．無駄になるだけならいいのですが，対掌体が弊害になることもあります．たとえば，L－グルタミン酸ナトリウムはうま味のもとなのですが，D体はまずくて苦い味がします．また，サリドマイドにはR体とS体の対掌体があるのですが，R体は効果的な鎮静剤でほとんど副作用もないので広く使われていました．ところが妊婦の方が服用して奇形児が生まれたという不幸なできごとがありました．S体には強い催奇性があって，ラセミ体を使っていたために起こったものでした．対掌体はなかなか区別がつかないので，特に医薬品としては細心の注意が必要です．

そこで，対掌体のうちの有用な片方だけを選択的に合成する方法（不斉合成）が開発されたのです．2001年にノーベル化学賞を受賞した野依良治博士は対掌体を選択的につくり出す夢のような触媒をいくつも開発しました．日本の先端化学は世界をリードしています．

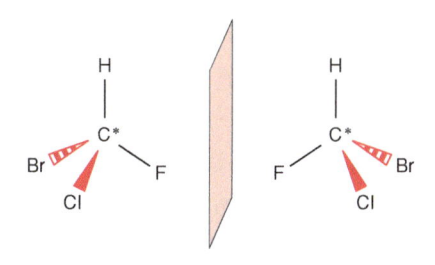

● 図5-7　CHFClBrキラル分子の対掌体
　　は紙面の手前，　　は紙面の奥の方へ伸びていることを表している．C*は不斉炭素である．

● 図5-8　L－アラニン分子の構造

5.3 CH₄ は正四面体

メタン（CH₄）分子には4つのC−H結合があるが，多くの実験結果からそのすべてがまったく同じエネルギー，同じ結合の強さをもっていることが知られている．つまり4つの結合が等価ということになるが，それが実現できるのは，空間的には正四面体の4つの頂点の方向に結合ができている場合だけである．これは，第3章で説明したC原子のsp³混成軌道（p. 44 参照）によるものであり，このような構造は**正四面体配置**（tetrahedron）とよばれている（図5-9）．C原子の2s軌道と3つの2p軌道が混じり合い，同じエネルギー，同じ大きさと形の4つのsp³混成軌道ができる．そのそれぞれの軌道に不対電子があり，すべてがH原子の1s軌道の電子とペアをつくって共有結合すると，正四面体のCH₄分子ができる．

> **考え方のヒント**
> **等価な結合**
> いくつかの実験で，メタン分子の4つのC−H結合のエネルギーは完全に同じであることがわかっている．そのためには結合の長さや角度，波動関数がすべて同じでなければならないが，立体的な配置を考えると1つのH原子から見た他の3つの原子の位置もまたすべて同じでなければならない．このような結合が複数あるとき，それらを等価な（equivalent）結合という．

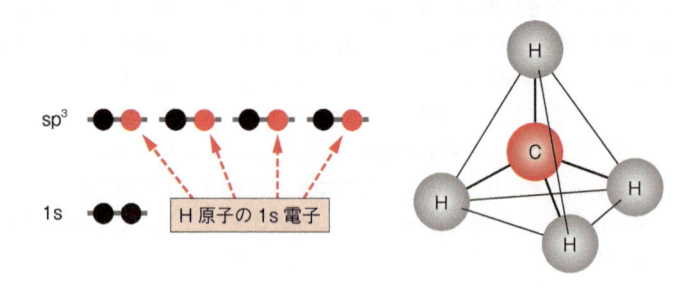

● 図 5-9　CH₄ 分子の構造

5.4 H₃C−CH₃ には2つの形

メタン分子（CH₄）の1つのH原子を取ったものを**メチル基**（CH₃）といい，3枚羽根のプロペラのような三角錐の形をしている．いろいろな分子のH原子をメチル基で置換すると物質の性質が微妙に変わるので，さまざまなメチル置換体が合成され，多くの用途で使われている．

メチル基を2つ連結すると，エタン分子（H₃C−CH₃）になる．この分子には6つのC−H結合があり，それらはすべて等価であることが知られている．その立体的な構造には，図5-10（a）に示した**エクリプス**（eclipse；食）と**スタガー**（stagger；互い違い）の2つがある．これらは**立体異性体**である．図5-10（b）はこれを結合軸方向から見た図である．エクリプスでは2つのメチル基のH原子の位置が重なるが，スタガーでは角度が60°ずれて互い違いになる．しかしながら，軸回りの回転に対するエネルギーの変化は小さいので，メチル基は容易に回転することができる．したがって，この2つの

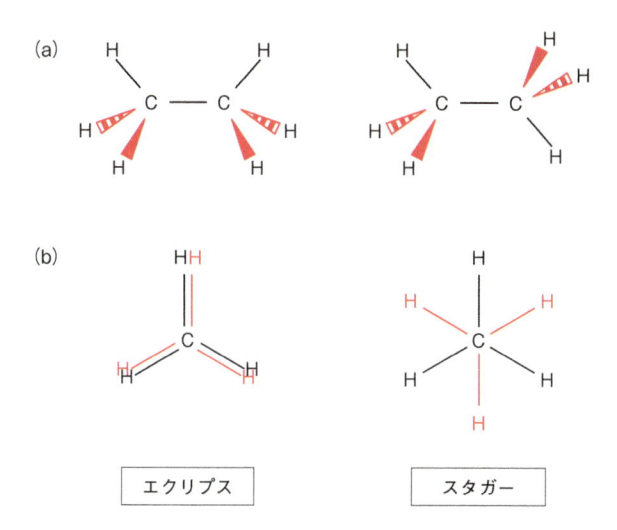

●図 5-10　H₃C－CH₃ 分子の立体異性体
(b) は (a) で示した立体構造を C－C の結合軸の方向から見たもの.

異性体のエネルギーはほとんど同じで，化学的な性質もほとんど変わらない．実際に室温ではメチル基はくるくる回っていると考えられる．

5.5　H₂C＝CH₂ は前後上下左右対称

　エチレン分子（H₂C＝CH₂）は，2 つの C 原子を中心に 4 つの H 原子が結合し，6 つのすべての原子が同一平面上に並んでいる（図 5-11）．この分子は，前後上下左右対称であり，対称要素としては 3 軸方向にすべて二回回転軸と鏡映面をもつ．さらに分子の中心は点対称の対称心になっている．このような高い対称性は C 原子の sp² 混成軌道によってもたらされている．

　エチレン分子の C－C 結合と C－H 結合の間の角度は 120°で，これは 3 つの結合が等価になる C 原子の sp² 混成軌道の特徴である．C 原子の 2s 軌道と 2 つの 2p 軌道が混じり合い，同じエネルギー，同じ大きさと形の 3 つの sp² 混成軌道ができる．これらは 120°の角度で平面内の 3 方向を向いている．そのそれぞれの軌道に不対電子があり，その 1 つずつをペアにして C－C の σ 結合をつくる．残りの 4 つにそれぞれ H 原子を結合させると，H₂C＝CH₂ の骨格ができあがる．ただし，C 原子には sp² 混成に参加していない 2p_z 軌道に不対電子がまだ残っていて，これが分子平面に垂直に 2 つ平行に並んで π 結合をつくる．こうして，C と C の間には sp² 混成軌道による σ 結合と π 結合が 1 つずつできて二重結合になり，H₂C＝CH₂ のように二重線で表す（図 5-12）．

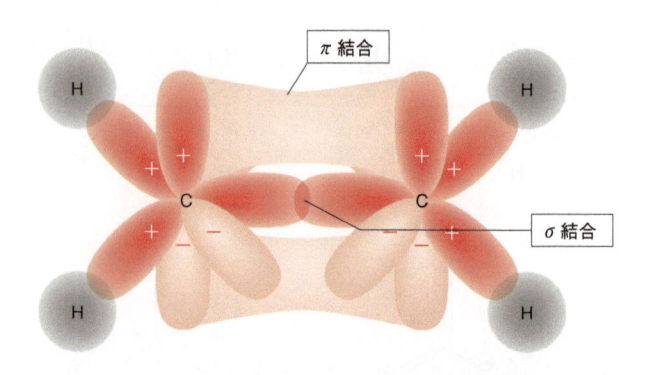

● 図 5-11　H₂C＝CH₂ 分子の構造

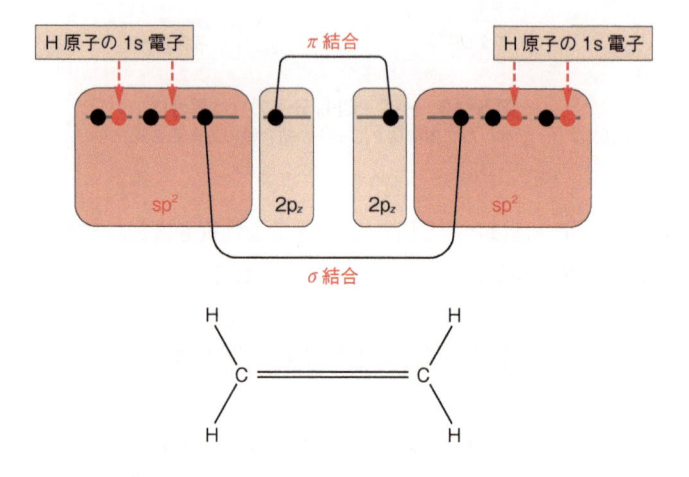

● 図 5-12　H₂C＝CH₂ 分子の電子配置と構造式

5.6　H₂C=CH−HC=CH₂ には 2 つの形

ブタジエン分子はエチレン分子を 2 つ連結させたもので，**図 5-13** に示したような**トランス**，**シス**の 2 つの形がある．これは立体異性体である．ブタジエンの場合は，二重結合のおたがいの角度と距離が違うので，エタンに

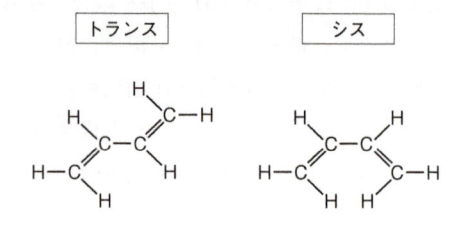

● 図 5-13　ブタジエン分子の立体異性体

比べると立体構造の違いが反応性などの差となって現れる．トランスからシス，あるいはシスからトランスへ変化することを**異性化反応**というが，これには少し大きなエネルギーが必要である．通常は安定なトランス－ブタジエンが圧倒的に多い．

> **考え方のヒント**
>
> **シス体とトランス体**
> 二重結合を含む分子では，1つの異性体から他の異性体へと変化するポテンシャルエネルギーがいくぶん大きく，通常では両方が安定に存在している．ブタジエンのシス体とトランス体では，分子の対称性が違うので電気的な偏りや反応性といった分子の性質は少し異なる．

例題 5.2 ブタジエン分子のシス，トランス体のそれぞれがもつ対称三要素を示せ．

解答

トランス－ブタジエンには，**右図**に示したように，分子面に垂直な2回回転軸がある．また，鏡映面は分子面そのもの1つだけである．これに対して，シス－ブタジエンでは，2回回転軸は分子面に沿った分子の中心線であり，これを含む2つの垂直な鏡映面がある．この分子の対称性は水分子と同じである．さらに，トランスには点対称の対称心があるが，シス体には対称心はない．

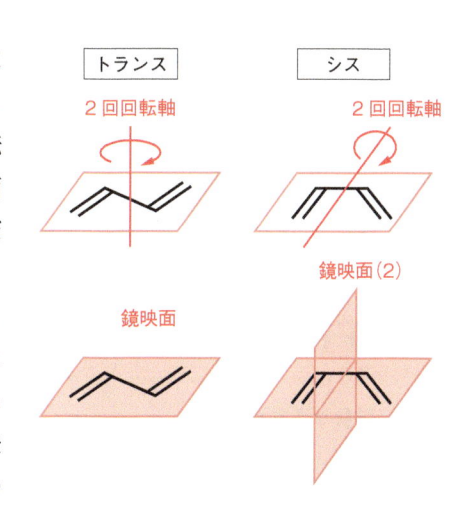

5.7　C_6H_6 は正六角形

ベンゼン（C_6H_6）は平面分子で正六角形の形をしていることが知られている．この分子の構造について考えてみよう．まずは単純に**図5-14（a）**に示したような，エチレン（$H_2C=CH_2$）を3つ連結して輪にした構造を思いつく．エチレンのC原子はsp²混成軌道で同一平面内でσ軌道をつくり，結合角120°の角度で六角形をつくることができる．しかし，この構造だと，C–C結合については一重結合と二重結合が交互につながっているので長さが交互に異なることになり，正六角形にならない．そこで，**図5-15**に示したようなπ軌道を考えてみると，6つの2p$_z$軌道が均等に配置されたπ軌道では，π結合がすべて同じになり，結果としてC–C結合の長さもすべて

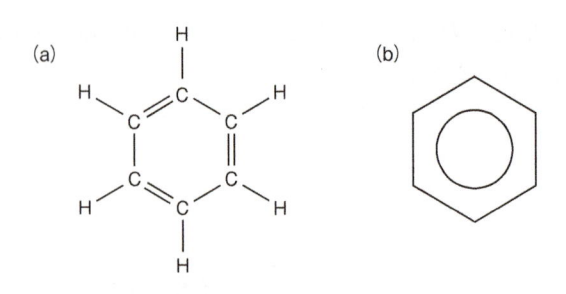

● 図 5-14 ベンゼン分子の表し方

同じになる．いわば一重結合と二重結合の中間である．したがって，ベンゼン分子はしばしば**図 5-14（b）**のようにπ結合を丸く書いて表現する（炭化水素では水素原子も省略されることが多い）．

フラーレンとカーボンナノチューブ *Column*

　炭素原子だけからできる分子には特異な性質をもったとても有用なものが多いのですが，最近特に注目されているのがフラーレンとカーボンナノチューブです（**右図**）．フラーレンは C_{60} 分子で，ちょうど白黒のサッカーボールのような形をしています．その構造は正五角形の周りに正六角形を貼り合わせた立体（切頭二十面体）の 60 の頂点に C 原子を配置させたものです．基本的には sp^2 混成の C 原子を網の目のように連結して丸くしたもので，これだとグラファイトと同じように多くのπ電子が面の上を動き回ることができます．その結果，フラーレンでは球面上を電流が自由に流れることになり，これを活用すると微小な電気素子ができたり，限りなく大きな電流が流れる超電導現象が見られたりするのではないかと期待されています．

　もうひとつはカーボンナノチューブで，これもグラファイトと同じように sp^2 混成の C 原子を蜂の巣のように並べて面をつくり，それを丸めてチューブにしたものです．直径がだいたい 1 ナノメートル（1×10^{-9} m）なのでこの名がついてい

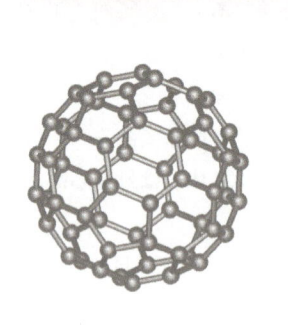

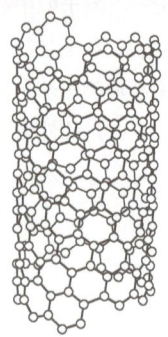

フラーレン C_{60}　　　カーボンナノチューブ

ます．ちょうど分子が数個入る大きさなので，この中に特定の物質だけを流したり，特定の分子間にだけ電気を流したりすることが可能になります．

　電子回路のパーツにたとえれば，フラーレンはコンデンサー，カーボンナノチューブは抵抗といったところでしょうか．分子レベルでの最小のデバイスをつくることも考えられており，極限的に小さい夢のマシンができるかもしれません．

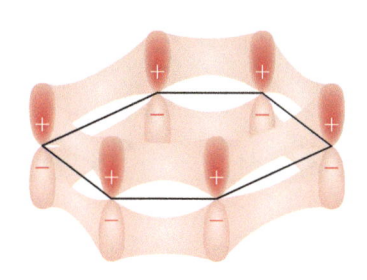

● 図 5-15　ベンゼン分子の π 軌道

> **考え方のヒント**
>
> **ベンゼンの π 軌道**
> 6 個の C 原子の sp^2 混成軌道で σ 結合の正六角形をつくる．それぞれの C 原子には sp^2 混成に参加していない 2p 軌道がその面に垂直に正六角形の位置に並ぶ．これらの LCAO（p.53 参照）をつくったのが図 5-15 で，これを π 軌道とよぶ．それぞれの C 原子の 2p 軌道にある 1 個の電子は，隣り合う両方の 2p 軌道の電子と π 結合をつくる．その結果，π 結合は分子全体に均一に広がる形になる．

5 章のポイントと練習問題

□ 対称三要素

分子の形の対称性は，線対称（回転軸），面対称（鏡映面），点対称（対称心）で表される． ➡図 5-2 参照

□ 分子の形は共有結合で決まっている

- 水　　　　　　H_2O　　　　　二等辺三角形　　　　　　　　　　➡図 5-1 参照
- アンモニア　　NH_3　　　　　正三角錐　　　　　　　　　　　　➡図 5-4 参照
- メタン　　　　CH_4　　　　　正四面体　　　　　　　　　　　　➡図 5-9 参照
- エチレン　　　$H_2C=CH_2$　　前後上下左右対称　　　　　　　　➡図 5-11，図 5-12 参照

□ 立体異性体

- エタン　　　　H_3C-CH_3　　　　　　エクリプスとスタガー　　➡図 5-10 参照
- ブタジエン　　$H_2C=CH-HC=CH_2$　　シスとトランス　　　　　➡図 5-13 参照

問題 5-1　NH_3 分子の分子軌道（**図 5-4**）の波動関数を書け． ➡例題 5.1 と同じように考えよう．

問題 5-2　プロパン（$H_3C-CH_2-CH_3$）分子にはメチル基の角度が違う 3 つの立体異性体が存在する．それぞれを図示し，わかりやすく説明せよ． ➡図 5-10 のエタン分子を参照し，結合のしかたをすべて考えよう．

問題 5-3　ヘキサトリエン（$H_2C=CH-HC=CH-CH=CH_2$）分子の立体異性体を考察せよ． ➡シス，トランスのすべての組み合わせを考えよう．

6章 分子の振動と回転

分子はいくつかの原子の結合によってできていて形や大きさは決まっている．しかしそれは平均の値であって，それぞれの原子は絶えず動いて位置を変えている．原子の質量のほとんどは原子核なので，原子核の運動と分子の運動はほぼ一致する．原子核の動きは全体で分子振動や分子回転という運動になり，いろいろな現象として現れる．振動や回転の運動は，状態変化や化学反応を起こす原因となる．たとえば，CO_2 による地球温暖化は，分子振動による太陽光の赤外線の吸収が原因であると考えられている．

6.1 原子核の運動

　分子を構成している原子核はそれぞれ三次元空間の x, y, z 軸の方向に自由に動くことができる．これを**運動の自由度**といい，1つの原子には運動の自由度が3つあることになる．したがって，N 個の原子からなる分子の原子核の運動の自由度は全部で $3N$ となり，分子のなかで原子核の運動にどれくらいバラエティーがあるかの目安となる．

　図 6-1 は，水分子における原子核の運動の自由度を示したものである．H_2O は三原子分子なので運動の自由度は全部で9になる．これらは，**並進**，**振動**，**回転**の3つの運動に分けて考えることができる．

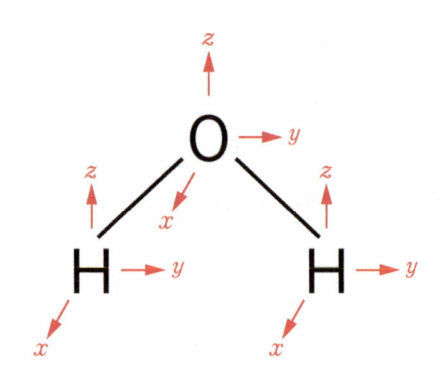

● 図 6-1　水分子での原子核の運動
1つの原子に運動の自由度が x, y, z の3つある．それを3つの原子分合わせると運動の自由度が9となる．

6.2 並進

　分子内の原子がすべて同じ方向に同じだけ動くと，形や方向は変わらずに分子全体の位置だけが変わる．これを並進運動という．

　では，空気の主成分である O_2 や N_2 は，いったいどれくらいの速さで並進運動しているのだろうか．分子の速さはすべての分子でまちまちであり，速く動いている分子もあれば，ゆっくりしか動いていない分子もある．しかし，全体の平均の速さは温度によって決まっていて，これを $\bar{v}$ とする．

　ここで少し温度について説明しておく．温度というのは物質がもっている熱量あるいはエネルギーとともに高くなり，物質に熱を加えれば温度は上がる．1 カロリー（cal）というのは，1 g の水の温度を 1 度上げる熱量のことであり，エネルギーに換算すると 4.2 ジュール（J）になる．これを熱の仕事等量という．

　温度の単位として通常使われている摂氏温度（℃）は，水の融点を 0℃，沸点を 100℃ としてその間を百等分したもので，エネルギーの値とは比例しない．これではいろいろな数量を計算するのに不便なので，エネルギーに比例する温度として，化学では多くの場合絶対温度（K）というのを用いる．摂氏温度（℃）との間の関係は次の式で表される．

$$T(\text{K}) = T(\text{℃}) + 273$$

　水の融点 0℃ は 273 K，沸点 100℃ は 373 K であり，われわれが生活している温度（室温または常温）を 27℃ とすると，これはちょうど絶対温度 300 K になる．また，-273℃ は絶対温度 0 K であり，この温度では分子のエネルギーがゼロになる．これはすべてが凍結してしまった状態である．

　さて，分子の運動エネルギーは $\bar{v}$ の 2 乗と質量に比例し，さらに絶対温度にも比例する．これは，次の式で表せることがわかっている．

$$\frac{1}{2}m\bar{v}^2 = \frac{3}{2}kT$$

　ここで，m は分子の質量，T は絶対温度（単位はケルビン；K）である．k は温度をエネルギー（単位はジュール；J）に直す比例係数でボルツマン定数といい，$k = 1.4 \times 10^{-23}$ J/K という値をもつ．この式から，気体分子の平均速度は

$$\bar{v} = \sqrt{\frac{3kT}{m}} \quad m/\text{sec} \tag{式6-1}$$

で与えられる．

考え方のヒント

分子の並進運動
実際の分子は，絶えず位置や形，方向を自由に変えながら運動している．そのうち位置が変わるのが並進であり，たとえば図 6-1 で 3 つの原子がどれも x 方向に同じだけ動くのを x 方向の並進運動と考える．分子の形が変わるのは振動，方向が変わるのは回転である．

● 数値チェック ●

熱量と絶対温度

熱の仕事等量
1 cal ＝ 4.2 J

1 cal は 1 g の水の温度を 1 度上げる熱量である．

絶対温度
$T(\text{K}) = T(\text{℃}) + 273$

単位はケルビン（K）

● 数式チェック ●

気体分子の速さ

分子の平均速度
$\bar{v} = \sqrt{\dfrac{3kT}{m}}\ m/\text{sec}$

ボルツマン定数
$k = 1.4 \times 10^{-23}$ J/K

例題 6.1

酸素分子の室温での平均速度を求めよ．

解答

O原子の原子量は16で，6×10^{23}個集まるとその質量は16 gになる．したがって，O原子1個の質量は

$$m_O = \frac{16\times10^{-3}}{6\times10^{23}} = 2.7\times10^{-26}\,\mathrm{kg}$$

であり，O_2分子の質量はその2倍の

$$m_{O_2} = \frac{2\times16\times10^{-3}}{6\times10^{23}} = 5.4\times10^{-26}\,\mathrm{kg}$$

と求められる．これから，室温（$T=300\,\mathrm{K}$）での平均速度は（式6-1）より，

$$\bar{v} = \sqrt{\frac{3kT}{m}} = \sqrt{\frac{3\times1.4\times10^{-23}\times300}{5.4\times10^{-26}}} = 480\,\mathrm{m/sec}$$

になる．酸素分子（空気だと考えてよい）の平均速度は室温では毎秒480メートルである．

考え方のヒント
振動運動の対称性

電子配置によって分子の形が決まり，全体の対称性も自ずと定まる．しかし，それは平均の原子核の位置のことであり，実際には振動運動のために原子核は絶えず位置を変えている．逆にいえば，平均の位置は対称性を保たなければならず，そのためには振動による原子核の位置の変化も対称性に従わなければならない．たとえば，水分子の2つのO−H結合は同じだけ伸びないと平均の原子核の位置が左右対称にならない．ただし，1つの結合が伸びたらもう1つは同じだけ縮むというのも許されている．これは，ある瞬間は重心の位置が動くが，伸びたり縮んだりを1周期行うと，平均としては重心が元の位置と同じ地点にあるからである．分子振動は，原子核の位置の時間的なゆらぎとも考えられるが，そのゆらぎもやはり分子全体としての対称性に従って起こるということである．

6.3 振動

分子内の原子核は常に位置を変えている（これを変位という）が，それによって化学結合も長くなったり短くなったりをくり返している．これを**分子振動**という．それぞれの分子の形や大きさが決まっているというのは，その振動運動についての平均値のことである．この分子振動に対してもいくつかの規則があるが，そのひとつが分子の対称性である．分子の振動は原子核の動きによるが，その大きさや方向も分子全体としての対称性を保っていなければならない．

図6-2は水分子がもつ3つの振動を表したものである．水分子は左右対称なので，2つのO−H結合は同じように振動する．

(a) はこれらが同時に伸びたり縮んだりする振動でこれを**対称伸縮モード**という．

(b) は片方の O-H 結合が伸びたらもう一方は同じだけ縮むという振動で,これは**反対称伸縮モード**という.このように左右対称というのは変位の方向が逆でもいい.

(c) は O-H 結合の長さは変わらないが,結合の間の角度が変わるもので,これを**変角モード**という.

このように,分子の振動は対称性に基づいた規則に従う.これらを**基準振動**といい,その数は分子によって決まっている.N 個の原子からなる分子には運動の自由度が $3N$ あるが,そのうち,並進の自由度が 3,回転の自由度が 3(直線分子ではその直線回りの回転はないので 2)あるので,その分を差し引いて基準振動の数は $3N-6$(直線分子では $3N-5$)になる.

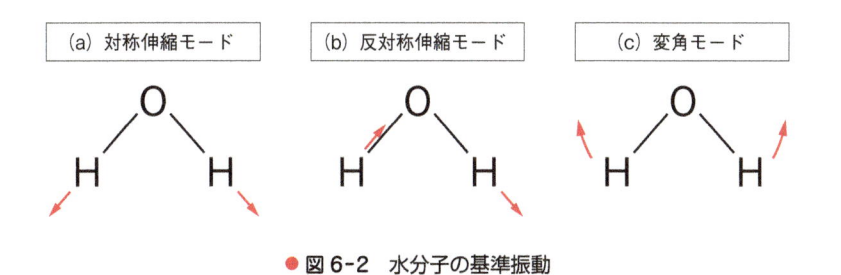

> **考え方のヒント**
>
> **運動の自由度と基準振動の数**
> 原子は 3 次元空間で 3 方向に独立に動けるので,1 個の原子あたりの運動の自由度は 3 である.N 個の原子で分子をつくると全部で自由度は $3N$ になるが,それらは並進と振動と回転に振り分けられる.そのうち分子全体が 3 方向へ動く並進の自由度は 3 と決まっている.回転についても 3 軸回りの回転で 3(直線分子は 2)と決まっているので,振動には残りの $3N-6$(直線分子では $3N-5$)が振り分けられる.

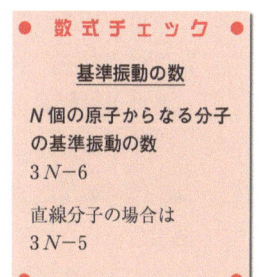

(a) 対称伸縮モード (b) 反対称伸縮モード (c) 変角モード

● 図 6-2 水分子の基準振動

> **数式チェック**
>
> **基準振動の数**
>
> N 個の原子からなる分子の基準振動の数
> $3N-6$
>
> 直線分子の場合は
> $3N-5$

6.4 二原子分子の振動

二原子分子には,結合が伸びたり縮んだりの 1 つの基準振動しか存在しない.その結合をバネと考えると,その振動数(周波数;ν/sec)は次の式で計算することができる.

$$\nu = \frac{1}{2\pi}\sqrt{\frac{k}{\mu}} \quad (\text{式 6-2})$$

ここで,μ は換算質量とよばれるものであり,2 つの原子核の質量を m_1, m_2 とすると,次の式で表される(**図 6-3**).

$$\mu = \frac{m_1 m_2}{m_1 + m_2} \quad (\text{式 6-3})$$

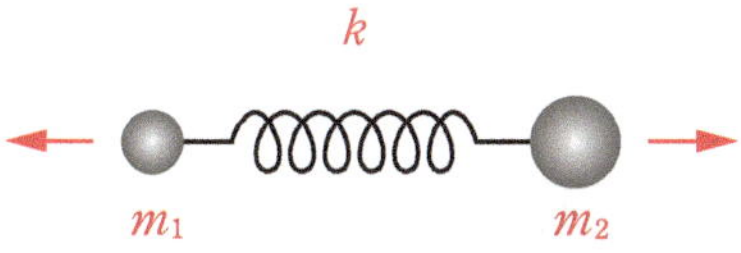

● 図 6-3 二原子分子の振動

> **考え方のヒント**
>
> **バネの振動数**
> バネでつるしたおもりの平均の運動エネルギーはバネの強さを表す定数 k に比例する.1 秒間にどれだけ動くかという平均の速さ v は周波数 ν に比例するので,
>
> $$k \propto \frac{1}{2}\mu v^2 \propto \frac{1}{2}\mu \nu^2$$
>
> となる.これから
>
> $$\nu \propto \sqrt{\frac{k}{\mu}}$$
>
> が得られ,詳しい計算から(式 6-2)が導かれる.

6章 分子の振動と回転

> **数値チェック**
>
> **力の単位**
>
> 1 N = 0.1 kgw
>
> N：ニュートン
> kgw：重量キログラム

k はバネの強さ（化学結合の強さ）を表す定数で，分子によって値は異なるが，500〜2200 N/m くらいの値になっている．N（ニュートン）というのは力の強さを表す単位で，1 N は 0.1 重量キログラム（kgw）である．これは，0.1 kg の物体が地球上で受ける力である．したがって，化学結合というのは 1 m 伸ばすのに 50〜220 kg の物体を支える力が必要なくらいの強さをもっていると考えられる．

数学を使おう

バネの振動　$x = a\sin(2\pi t/\tau)$

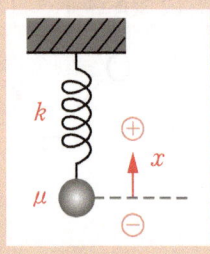

二原子分子の振動では 2 つの原子核が同じ振動数で変位をくり返す．この運動の方程式は右図に示したような固定点からバネで吊るした 1 個のおもりの運動方程式と同じになる．ただし，そのときのおもりの質量は換算質量

$$\mu = \frac{m_1 m_2}{m_1 + m_2}$$

になる．いま，おもりの位置を x，時間を t とすると，運動方程式の答えは

$$x = a\sin(2\pi\nu t)$$
$$= a\sin(2\pi t/\tau)$$

の式で表される．これは**単振動**とよばれていて，ある時間でのおもりの位置はサイン関数で計算できる（下図）．この式のなかの ν は振動数で，このバネが 1 秒間に何回伸び縮みするかを表す．また τ はその逆数で周期とよばれ，1 回伸び縮みするのにかかる時間である．その値は換算質量とバネの強さで決まっている．a は**振幅**といってバネの伸び縮みの大きさを表す．

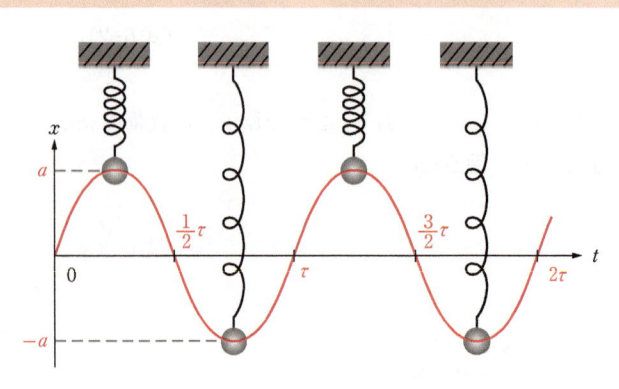

バネの単振動

例題 6.2 酸素分子の化学結合の強さは1200 N/mである．振動の振動数を求めよ．

解答

例題 6.1 より O 原子の質量は

$$m_O = 2.7 \times 10^{-26} \text{ kg}$$

なので，換算質量は（式6-3）より，

$$\mu(O_2) = \frac{m_O m_O}{m_O + m_O} = \frac{m_O}{2} = 1.4 \times 10^{-26} \text{ kg}$$

と求められる．したがって，O_2 分子の振動の振動数は（式6-2）を用いると

$$\nu_{O_2} = \frac{1}{2\pi}\sqrt{\frac{k(O_2)}{\mu(O_2)}} = \frac{1}{2 \times 3.14}\sqrt{\frac{1200}{1.4 \times 10^{-26}}} = 47 \times 10^{12}$$

になり，O−O 結合は1秒間に47兆回振動していることになる．毎秒1兆回の周波数をテラヘルツ（THz；10^{12}/sec）という単位で表すので，振動数は47テラヘルツである．

● **数値チェック**
テラヘルツ

1 THz = 10^{12}/sec

1秒間に1兆回の振動数．

6.5 エチレン分子の基準振動

化学結合が2つ以上ある多原子分子の振動は少し複雑である．ポイントは結合の伸び縮み（伸縮振動）のほかに，化学結合の角度の変化（変角振動）が加わることである．たとえば，水分子の変角振動（ちょうどハサミの開閉と同じ動きなのでハサミ振動という）がそうであり，水素結合や水溶液中の反応などで重要な役割を果たしている．

まずはエチレン分子（$H_2C=CH_2$）について基準振動を見てみよう．エチレン分子は平面分子であり，前後上下左右対称である．この分子には原子が6個あるので，$3N-6 = 18-6 = 12$ の基準振動があり，**図6-4**に示してある．各原子核の動きが逆方向も含めて分子全体の対称性を守っているのがよくわかる．

化学結合は5つあるのでその伸び縮みの組み合わせでつくられる伸縮基準振動も5つある．4つの C−H 結合は等価であるが，C−H 伸縮には，伸びと縮みの位置の組み合わせ方が違う4つの基準振動が考えられる（①〜④）．

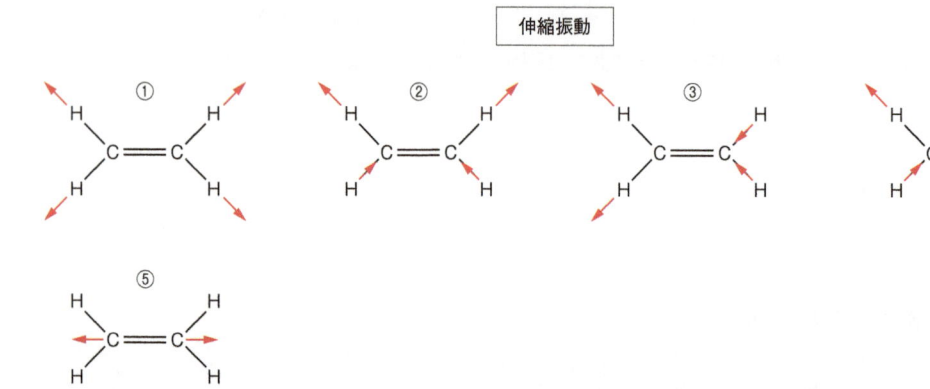

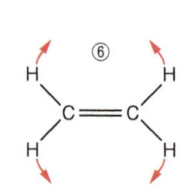

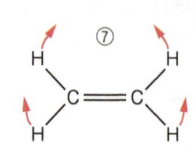

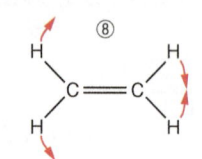

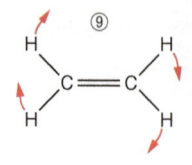

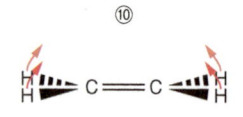

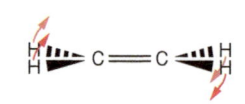

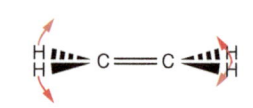

● 図6-4 エチレン分子の基準振動

C−C 結合の伸び縮みは1つしかなく（⑤），これらを合わせて5つの伸縮振動のモードが存在する．

残りの7つのモードは C−H 結合の角度が変わる変角モードである．原子核がすべて分子面内で変位する面内変角モードには，C−H 結合の角度が変わる方向が違う4つがある（⑥～⑨）．さらに，原子核が分子面に垂直に変位する面外変角モードは3つあって，最大の変位のときの形になぞらえて，ボート型（⑩），いす型（⑪）などとよばれている．残りのひとつは C−C 結合軸を中心としたひねり振動モード（⑫）である．

エチレン分子自体は前後上下左右対称であるが，これらの基準振動では原子核の動きはすべて同じように前後上下左右対称である．ただし，動きの方向は3方向について同じ向き（対称）か逆向き（反対称）になっている．このように，基準振動は分子の対称性を守っているものだけを考えなければならない．

考え方のヒント

対称か反対称

エチレン分子は前後上下左右対称であるが，対称性に従った基準振動では原子核の動きもまた前後上下左右，対称か反対称でなければならない．たとえば下図のような振動モードは，左側では上下対称なのに右側では上下反対称になっていて，これは基準振動にはなりえない．

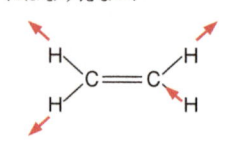

p.74「考え方のヒント（振動運動の対称性）」参照

78

6.6　CO_2 の振動と赤外線吸収

二酸化炭素（CO_2）は水と同じ三原子分子であるが，直線分子であるので基準振動の数は $3N-5 = 4$ であり，それを示したのが図 6-5 である．

化学結合は 2 つなので伸縮モードが 2 つあるが，これについては水と同じように，対称伸縮モード（a）および反対称伸縮モード（b）がある．

（c）は 2 つの C=O 結合の間の角度が 180°から小さくなる変角モードである．直線分子が変角振動するとき，その方向は分子軸回りの 360°のうちどこでもいいのだが，その自由度は x 方向と y 方向の 2 つがあるので，方向が 90°違う 2 つの基準振動を考える．2 つといっても同じ振動モードで方向が異なるだけである．これらを含めて CO_2 の基準振動の数は 4 である．

実際の分子ではこれらの基準振動に従った原子核の運動がすべて起こっているが，それぞれのモードの振動数は決まっていて，それと同じ周波数の太陽光を吸収するので，太陽光のなかでも，分子の振動数と同じ周波数をもつ赤外線を吸収することになる．ただし，赤外線を吸収する振動モードでは，原子核の動きが分子の軸のある方向に対して反対称でなければならない．赤外線は光と同じ電磁波であって，その方向に分子を揺さぶれないと共鳴して波のエネルギーを吸収することができないからである．

CO_2 分子の場合は（a）の対称伸縮モードでは 2 つの O 原子が同時に外側に動くので，結合の軸に対して対称である．つまりこの方向に分子を揺さぶることはできないので，このモードは赤外線を吸収しない．これに対して，（b）の反対称伸縮モードでは 2 つの O 原子が反対称に動き，分子全体を左右に揺さぶることができるので赤外線を吸収する．（c）の変角モードも分子を上下に揺さぶるので，やはり赤外線を吸収する．

考え方のヒント

共鳴と光吸収

分子のエネルギー準位は決まっているので，分子自体は特定の周波数で揺れ動いている振り子やブランコと同じだと考えればよい．したがって，これと同じ周波数の光を当てると，分子はこれを吸収してさらに大きく揺れ動くようになる．これを共鳴といい，たとえばブランコをその揺れにうまく同調して押してやると大きく揺れるのと同じ原理である．このときブランコの動きは前と後ろで反対称になっている．

● **数値チェック**

赤外線の波長

赤外線の波長
$2 \sim 20\ \mu m$

1 ミクロン（μm）
$= 1 \times 10^{-6}$ m

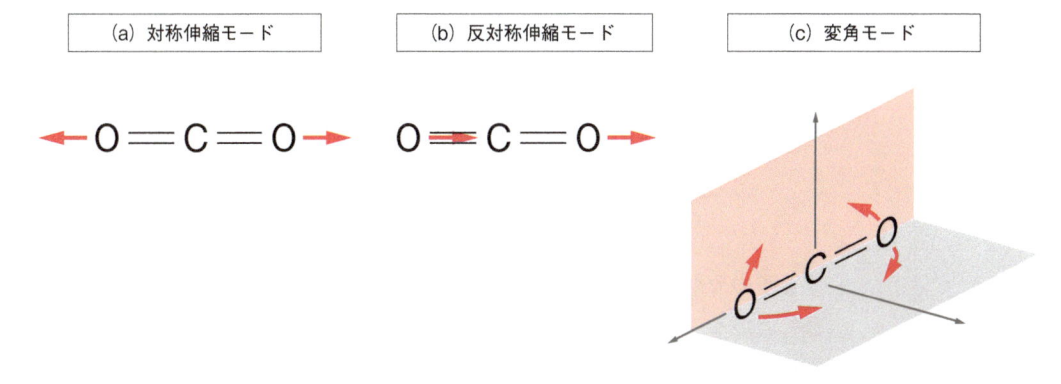

(a) 対称伸縮モード　　(b) 反対称伸縮モード　　(c) 変角モード

● 図 6-5　CO_2 分子の基準振動

6章 分子の振動と回転

考え方のヒント

等核二原子分子は赤外線を吸収しない

H_2 や O_2 などの等核二原子分子は左右対称で，分子軸方向の原子核の動きが振動モードになる．これには下図のような4つが考えられる．①と②は2つの原子核が同じ方向に同じだけ動くので，これらは振動ではなくて並進運動になる．③と④は2つの原子核が反対方向に同じだけ動くので伸縮モードになる．しかしながら，これらは左右で動きが打ち消し合っていて，分子のバランスは決して動かない．したがって，等核二原子分子は赤外線を吸収しない．

これに対し，同じ直線分子でも O=C=O 分子の反対称伸縮モードや変角モードでは分子のなかで相対的に C 原子の位置が動いているのでブランコだと考えられ，赤外線を強く吸収する．

① →● →●
② ●← ●←
③ ●→ ←●
④ ←● ●→

数式チェック

光と電磁波

電磁波の波長

電磁波の波長 λ は周波数 ν に反比例する．

$$\lambda = \frac{c}{\nu}$$

c：光の速度
$c = 3 \times 10^8$ m/sec

例題 6.3

二酸化炭素分子（CO_2）はどの波長の赤外線を吸収するかを計算せよ．ただし，CO_2 分子の基準振動数は，(1) 対称伸縮：46 THz，(2) 反対称伸縮：78 THz，(3) 変角：22 THz とする．

解答

CO_2 分子のそれぞれの基準振動モードについて，赤外線を吸収するかを考え，もし吸収するときはその吸収波長を計算してみる．

(1) 対称伸縮モードでは2つの O 原子が分子軸の方向に対称に動くので，分子を揺さぶることができず，赤外線を吸収しない．

(2) 反対称伸縮モードでは2つの O 原子が軸方向に反対称に動くので，分子全体をその方向に揺さぶることができ，赤外線を吸収する．このモードの振動数は 78 THz であり，これに共鳴する電磁波の波長は

$$\lambda = \frac{c}{\nu} = \frac{3 \times 10^8}{78 \times 10^{12}} = 3.8 \times 10^{-6} \text{m} = 3.8 \, \mu\text{m}$$

になる．

(3) 変角モードでは2つの O 原子が軸に垂直な方向に反対称に動くので，分子全体をその方向に揺さぶることができ，やはり赤外線を吸収する．このモードの振動数は 22 THz であり，これに共鳴する電磁波の波長は

$$\lambda = \frac{c}{\nu} = \frac{3 \times 10^8}{22 \times 10^{12}} = 14 \times 10^{-6} \text{m} = 14 \, \mu\text{m}$$

になる．

したがって，CO_2 分子は 3.8 ミクロンと 14 ミクロンの波長の赤外線を吸収する．

6.7 回転

分子の形や大きさは変わらないが，分子全体の方向が変わる運動を**分子の回転**という．

図 6-6 は二原子分子の回転のようすを示したものである．まずは1秒間に何回くらい回転しているかを計算してみよう．

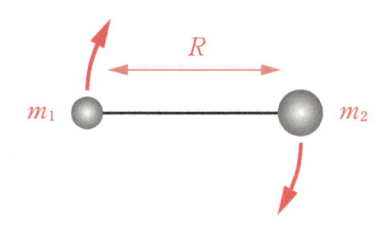

●図6-6　二原子分子の回転

分子は高速で振動していて化学結合の長さは絶えず変わっているのだが，簡単のためにこれを一定（R）と考える．回転数を求める式を導くのは少し難しいが，二原子分子の場合の答えは近似的に次の式になる．

> **考え方のヒント**
>
> **二原子分子の回転数**
>
> 分子の回転数は運動エネルギー，つまり温度とともに大きくなる．したがって，その計算式を導くのは複雑でたいへんであるが，原子の質量が大きかったり回転半径が長かったりすると運動エネルギーは大きくなる．室温くらいで運動エネルギーが一定であるとすると，逆に回転数は質量と回転半径とともに減少する．

環境と化学　CO₂による赤外線吸収と地球温暖化

CO₂ は地球温暖化の原因と考えられていますが，それは分子の振動による赤外線の吸収によって説明することができます．分子の振動数はだいたい10〜100 THzくらいなのですが，これは太陽光に含まれる赤外線の周波数と同じです．赤外線というのは光と同じ電磁波なのですが，可視の光よりも周波数が小さく，化学反応を起こす紫外線ほどエネルギーは高くないのですが，分子の振動と共鳴してこれを活発にします．分子の振動が活発になるというのは原子核の運動エネルギーが大きくなるということで，それがすなわち物質の温度が上がるということなのです．そういうわけで，赤外線は熱線ともよばれています．

さて，空気中のCO₂分子が振動しているところに同じ周波数の赤外線が当たると共鳴が起こって分子の振動エネルギーが大きくなり温度が上がります．太陽光線の中にはかなり多くの赤外線が含まれていて，空気中のCO₂が増加すると，このメカニズムで温度が上がります．しかも二酸化炭素は空気よりわずかに重いので地表に溜まりやすく，われわれが生活している領域の温度が上がってしまうのです．これが地球温暖化のメカニズムであり，このような気体物質を温室効果ガスといいます．

さて，ここでポイントとなるのが分子の振動の対称性です．分子の振動が赤外線共鳴してエネルギーをもらうためには，ゆっさゆっさ揺れて分子のバランスが揺れ動く基準振動が必要になります．ちょうどブランコをうまく調子を取って漕いでやると大きく揺れ出すのと同じで，ゆっさゆっさと揺さぶることで分子の中の原子核が左右に大きく揺れなければなりません．実際，CO₂分子では反対称伸縮振動と変角振動は赤外線を強く吸収します．しかし，対称伸縮振動は赤外線を吸収しません．これはブランコを左右から同時に押しているようなもので，うまく揺さぶることができないからです．

もうひとつのポイントは空気です．空気は酸素分子（O₂）と窒素分子（N₂）の1：3の割合の混合気体なのですが，これらの分子は赤外線をまったく吸収しません．同じ原子を2つ結合させた分子を等核二原子分子といいますが，基準振動が伸縮モードの1つだけであり，この振動では原子核が結合軸に沿って対称に動くので，赤外線を吸収することは決してないのです．もし空気が赤外線を吸収していたら，地球は，CO₂分子が大気の主成分で表面温度が500℃になっている金星のような灼熱惑星となり，生命が快適に生きられるすばらしい自然環境はできていなかったでしょう．分子の対称性は少し難しい数学ですが，物質を取り扱う化学にとって非常にたいせつなものです．

> **数式チェック**
> **分子の回転数**
>
> $\nu_{rot} = \dfrac{1}{\mu R^2} \times 10^9 /\text{sec}$
>
> ただし,単位は μ に 10^{-27} kg, R に nm (10^{-9} m) を用いる.

$$\nu_{rot} = \frac{1}{\mu R^2} \times 10^9/\text{sec} \qquad (\text{式 6-4})$$

μ は前節の振動のところで説明した換算質量である(式 6-3).この式では,単位は μ に 10^{-27} kg,R に nm (10^{-9} m) を用いる.

例題 6.4 O_2 分子の結合の長さは 0.1 nm である.回転数はいくらになるか計算せよ.

解答
例題 6.2 より O_2 分子の換算質量は

$$\mu(O_2) = \frac{m_O m_O}{m_O + m_O} = \frac{m_O}{2} = 14 \times 10^{-27} \text{ kg}$$

になる.したがって,(式 6-4)を用いると O_2 分子の回転数は

$$\nu_{rot} = \frac{1}{\mu R^2} \times 10^9 = \frac{1 \times 10^9}{14 \times (0.1)^2} = 7 \times 10^9 /\text{sec}$$
$$= 7 \text{ GHz}$$

と求められ,O_2 分子は 1 秒間に 70 億回回転していることになる.酸素分子の回転数は 7 ギガヘルツである.

> **数値チェック**
> **ギガヘルツ**
>
> 1 GHz = 10^9 /sec
>
> 1 秒間に 10 億回の振動数.

6.8 H₂O 分子の回転

二原子分子はあらゆる方向に回転してもそのエネルギーや回転数は変わらない.しかし,直線でない多原子分子では,その回転の方向によって違いが出てくる.

たとえば,H_2O 分子では**図 6-7** に示したような重心を含む 3 軸回りの回転がある.あたかも①プロペラ,②縄跳び,③ブーメランといったらよいような回転である.よく見るとそれぞれの原子の回転半径が異なり,したがって分子全体としての回転数もエネルギーも当然違ってくる.実際の分子ではこれら 3 方向の回転がすべて起こっていると考えられるので正確な回転数を計算するのは難しいが,水くらいの大きさの分子は 10 ギガヘルツ(10 GHz = 10^{10} /sec)くらいの回転数で回転していると考えられる.分子が大きくなる

> **考え方のヒント**
> **分子の大きさと回転数**
>
> 二原子分子の回転数は(式 6-4)で計算できるが,水やほかの分子でも同じように回転数は分子に含まれる原子の質量と回転半径とともに減少する.したがって,重くて大きな分子の回転数は小さい.

と回転はゆっくりになる．

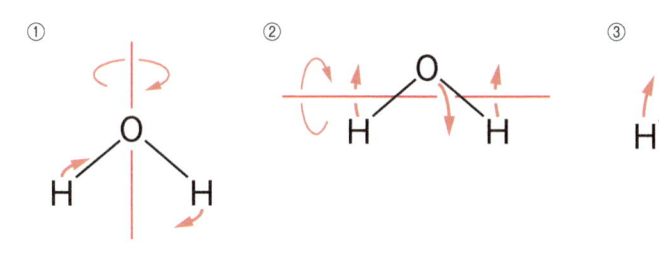

① ② ③

●図 6-7　H₂O 分子の回転

電子レンジと水の回転　Column

　水の回転数は毎秒 100 億回くらいです．この周波数（10 GHz）の電磁波（マイクロ波とよばれる）を液体の水に照射すると吸収が起こり，水分子がより速く回転するようになります．回転運動が活発になると振動と同じように原子核の運動エネルギーが大きくなって温度が高くなるので，短時間でお湯を沸かすことができます．これが電子レンジです．マイクロ波を使ったオーブンという意味で，英語では "microwave oven" といいます．

　本章で考えている分子の回転というのは，周りに何のじゃまもない気体中のいわゆる自由回転なのですが，液体の水ではすぐ隣に別の水分子があって回転はままなりません．それでも小さい可動範囲では気体と同じように普通の回転をしていると考えられ，回転数も自由回転とほぼ同じだと思われます．電子レンジがこの領域の周波数のマイクロ波を使っているのは，この周波数帯を液体の水がよく吸収し，効率よく加熱できるからです．

　さて，火の上にヤカンを置くのに比べると，電子レンジははるかに高効率，短時間でお湯を沸かすことができます．熱の伝わり方には，主に伝導と輻射の 2 つがありますが，炎の上で伝導によって伝わる熱量は物質を燃やして得られるエネルギーのごくわずかにしか過ぎません．しかも，中のほうまでなかなか熱が伝わらないので時間もかかります．これに対して，電子レンジでは，マイクロ波の輻射のほとんどが水によって直接吸収され，100 % 熱に変わるので効率もはるかによいのです．しかも液体の中にまでエネルギーが瞬時に届くので均一に短時間で加熱することができます．効率がよい分，マイクロ波を強く吸収して電気が流れる金属が放電したり，油分が高温で発火したりする可能性もあるので注意が必要ですが，炎を使わないので安全性もすぐれていると考えられ，近い将来，マイクロ波調理が主流になるのはまちがいないと思います．調理だけではありません．最近では物質の合成や反応など，化学の実験にこれを使おうという試みもさかんになされています．「分子を混ぜてレンジでチン」が将来の化学なのかもしれません．確かに実験は料理と同じだという人は多いようです．

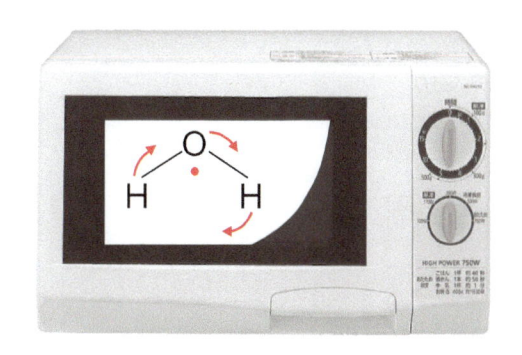

6章のポイントと練習問題

□ 並進

図6-1 参照

分子内の原子がすべて同じ方向に同じだけ動き，分子全体の位置だけが変わる運動を，並進運動という（運動の自由度は3）．

□ 振動

図6-2 参照

対称性に基づいた規則に従う分子全体の振動を基準振動といい，その数は $3N-6$（直線分子では $3N-5$）である．基準振動には結合長が変わる伸縮モードと，結合角が変わる変角モードがあり，振動の周波数は 100 THz くらいである．分子がこの周波数の赤外線を吸収すると振動が活発になり，物質の温度が上がる．

□ 回転

分子の形や大きさは変わらないが，分子全体の方向が変わる運動を，回転という．水分子の回転の周波数は 10 GHz くらいである．そのエネルギーや回転数は，質量や回転半径や回転の方向によって異なる．

例題 6.1 と同じように計算しよう．

問題 6-1 気体 H_2 分子の平均速度を求めよ．

例題 6.2 を参考にして考えよう．

問題 6-2 質量数1の水素原子が結合した H_2 分子の振動数は 147 THz である．これから，質量数2の重水素原子が結合した D_2 分子の振動数を予測せよ．

点対称の位置にある原子の動きが対称であるモードは赤外線を吸収しない．

問題 6-3 エチレンの基準振動のうち赤外線を吸収するのは5つしかない．それは，**図6-4** で示した12のモードのうちのどれかを考察せよ．

Ⅲ部
物質の状態を調べてみよう

水は蒸発して水蒸気になる．湯気はその水蒸気が空気中で液化して小さな粒になったものである．

　物質には，気体，液体，固体の3つの状態があり，これを物質の三態とよんでいる．たとえば水は，高温では水蒸気（気体），室温ではいわゆる水（液体），冷却すると氷（固体）になる．そのうちのどの状態でいるかは，物質が置かれた環境の温度と圧力によって決まっている．多くの物質でわれわれはそれをきちんとコントロールすることができ，3つの状態それぞれに特有な性質を最大限に活用している．たとえば，気体では活性な酸素分子と不活性な窒素分子の混合気体である空気，液体では生命維持に欠かせない液体の水やアルコール，固体では最新デバイスの素材となっている金属，プラスチック，セラミックス，ガラス，岩石などがすぐに思いうかぶだろう．このような物質の性質を総合的に理解するポイントは2つあって，ひとつはもちろんそれぞれの分子の構造を調べてみることである．もうひとつは特有の性質をもった分子がある状態で集団をつくったときにどのようなふるまいをするかを考えることである．

7章 気体の性質

気体は分子の密度がとても小さい状態であり，1個1個の分子が自由に空間を飛び回っている．気体について考えるときに最も重要なのはボイル-シャルルの法則で，ある温度では圧力と体積の積は一定であることを示す．物質の本質を表すたいせつな法則である．この法則を，気体物質が 6×10^{23} 個という数えきれないくらい多くの分子（あるいは原子）の集団であることを考え，統計的な取り扱いをして理解しよう．もうひとつ重要なのは，気体分子は絶えず衝突をくり返していることであり，それが気体の化学反応を起こすもとになっている．気体分子の平均の衝突回数についても考えてみよう．

7.1 気体物質のモデル

身近な気体物質といえばもちろん空気であるが，これをどのようなイメージでとらえたらいいのだろうか．いちばんの特徴は分子の密度が小さいということで，分子どうしの影響のおよぼし合い（これを相互作用という）がほとんどない．つまり集団といっても1個1個の分子は独立にふるまっているというモデルで考えればよいことになる（図7-1）．ただし，分子は頻繁に衝突をくり返しているのだが，それは一瞬の間だけで，通常では気体の分子は他の分子にほとんど影響されていない．

気体物質を目で見ることや触って感じることはできないが，その圧力で認識することができる．圧力とは，気体の分子が容器の壁に当たって跳ね返るときに壁に力を加えるものである．

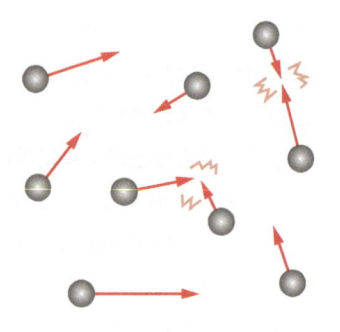

●図7-1 気体分子の運動
気体分子は自由に飛び回っていて，頻繁に衝突をくり返している．

考え方のヒント

モデルを考える

実際の物質のふるまいは複雑で，これを正確に理解するのは容易ではない．そこで，モデルを立てて物質の性質を予測し，それを実験の結果と比較するというやり方がよくなされる．モデルというのは，実際とは少し違うかもしれないが分子や物質の構造をわかりやすく表したもので，たとえば気体分子は他の分子に関係なく自由に飛び回っているというモデルを考えると気体の性質をうまく説明することができる．

圧力と温度の調節が気体物質の化学にはとても重要である．なぜならば，気体の化学反応や状態変化は分子の衝突によって起こり，それが圧力と温度に強く依存するからである．たとえば，空気を室温で放っておいても一見きわ立った変化は何も見られないが，分子どうしは実は毎秒10億回くらい衝突をくり返している．この場合は，衝突のたびに熱（エネルギー）のやりとりをしているだけで，化学反応などの大きな変化は生じていない．しかし，可燃性の気体分子が混じり，高い圧力の下で高温になると，燃焼や爆発などの化学反応が起こる．このような反応は過激で特別なものに感じるだろうが，気体分子の運動と衝突について数式を使って考えてみると，実は最も基本的な化学現象であることがよくわかる．

7.2 ボイル–シャルルの法則

気体分子を容器に入れて密閉したとき，気体の圧力（P），容器の体積（V），絶対温度（T）の間には次の関係式が成り立つ．

$$PV = nRT \tag{式7-1}$$

これを**ボイル–シャルルの法則**という．nはモル数であり，分子の総数が1モル（6×10^{23}個）の何倍であるかという数値を表す．Rは気体定数とよばれ，

$$R = 0.082 \, \text{L atm K}^{-1} \, \text{mol}^{-1}$$

という値である．ここでのLは体積の単位でリットル，atmは圧力の単位で気圧，Kは絶対温度の単位でケルビンである．この（式7-1）を用いると，室温（300 K），1気圧（1 atm）では1モルの気体物質の体積が25 Lであることがわかる．

ボイル–シャルルの法則は，もし温度が一定で変わらなかったら，圧力と体積との積は一定であるということを示している．つまり，体積を半分にしたら圧力は2倍になる．また，**容器の体積が一定であったら圧力は絶対温度に正比例し，温度が2倍になったら圧力も2倍になる．**

それでは，このボイル–シャルルの法則はどのようにして求められるか考えてみよう．

気体の圧力を求めるには，容器の壁に加わる力を考えればよい．いま，**図7-2**に示したような長さaの立方体の容器の中の気体分子の並進運動を追ってみる．1個の分子が速度vで容器の天井の壁に向かって上方へ運動しているとする．この分子は天井の壁に当たって跳ね返るのだが，物理学によると

● 数式チェック ●

ボイル–シャルルの法則

$PV = nRT$

P：圧力（Pressure）
単位は気圧（atm）

V：体積（Volume）
単位はリットル（L）

T：温度（Temperature）
単位はケルビン（K）

n：モル数
分子の総数が1モル（6×10^{23}個）の何倍であるか

R：気体定数
$R = 0.082 \, \text{L atm K}^{-1} \text{mol}^{-1}$

7章 気体の性質

考え方のヒント

弾性散乱
固い壁に当たった粒子には，作用・反作用の法則といってその力を打ち消すだけの反発の力が加わる．したがって，粒子のエネルギーがゼロになって壁を離れるときには，当たったときと同じ速さで跳ね返ることになる．これを弾性散乱という．スーパーボールを床に落とすと同じ高さまで跳ね返ってくるのがその例である．

●数式チェック●
ニュートンの運動方程式
$f = ma$
質量 m の粒子に f という力を加えると，その速度が a だけ変化するという基本的な運動方程式である．a は加速度といい，力が加わる前と後で速度がどれくらい変化したかを表す．壁に当たった粒子では，$a=2v$ なので，
$f = 2mv$
の力が加わったことになる．

跳ね返った後も方向は逆になるが速度はやはり v のままであることが知られている．すると，衝突の前後では速度は差し引き $2v$ だけ変化していることになる．ニュートンの運動方程式より，壁にはそれと分子の質量 m の積の分の力が加わる．したがって，この力を f とすると

$$f = 2mv \qquad (式7\text{-}2)$$

という式になる．ここでは分子どうしの衝突は考えないことにすると，この分子はさらに同じ速度で動き続けるのだが，底の壁に当たって跳ね返り，再び天井の壁に当たるまでには $2a$ の距離を走ることになるので，1 秒間に天井の壁と当たる回数 x は

$$x = \frac{v}{2a} \qquad (式7\text{-}3)$$

となる．気体全体の力 F を計算するためには，この力をすべての分子に関して足してやればよく，次のようになる．ここで N は分子の総数を表す．

$$F = Nfx \qquad (式7\text{-}4)$$

第1章で原子について考えたのと同じように，分子の速度もまちまちで1個1個異なるが，これを平均の速度 $\bar{v}$ で考えると，その総和は $\bar{v}$ に分子の総数を掛ければよい．容器の中の分子のモル数を n とすると分子の総数は $N=nN_A$ となるので，（式7-2）（式7-3）（式7-4）より

$$F = Nfx = \frac{nN_A 2m\bar{v}^2}{2a}$$

になる．圧力 P の値は単位面積（1平方メートル；$1\,\mathrm{m}^2$）あたりの力で定義

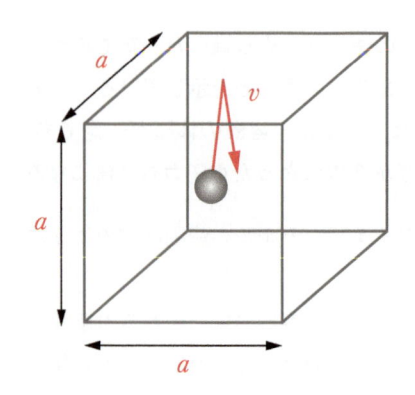

●図7-2　気体分子の運動と圧力
気体分子は壁との衝突をくり返し，圧力を加える．

されるので，この全体の力 F を壁の面積 a^2 で割って

$$P = \frac{F}{a^2} = \frac{nN_A 2m\bar{v}^2}{2a^3} = n(2N_A)\left(\frac{1}{a^3}\right)\left(\frac{1}{2}m\bar{v}^2\right)$$

の式が得られる．容器の体積は $V = a^3$ なので，この式は

$$PV = n(2N_A)\left(\frac{1}{2}m\bar{v}^2\right)$$

となる．ここで $\frac{1}{2}m\bar{v}^2$ は平均の分子の運動エネルギーであり，絶対温度 T に比例する．比例定数を R とすると，最終的に次の式を得る．

$$PV = nRT$$

ところで，ボイル-シャルルの法則で計算をするにはモル数が必要となる．1章では原子のモル数について解説したが，ここでは分子の場合についてまとめておく．まずは分子の質量を考えなければならない．原子の場合は，水素原子の質量を1として計算される原子の質量をほぼ正確な原子量と考えることができる．いくつかの原子が結合してできている分子については，すべての原子についてその原子量を足し合わせたものを **分子量** と定義する．すると分子量の大きさは，分子の質量が水素原子の質量の何倍かという値になり，原子の場合と同じように，1モルすなわちアボガドロ定数 6×10^{23} 個の分子の集団の重さは，分子量をそのままグラム単位にしたものになる．たとえば，水 (H_2O) の分子量は $1\times 2 + 16 = 18$ となり，1モルは 18 g である．液体の水の密度は 1 mL あたり 1 g なので，コップ 1 杯（180 mL）の水は，180 g つまり 10 モルになる．

● **数 値 チ ェ ッ ク** ●

分子量とモル

水 (H_2O) の分子量
$1\times 2 + 16 = 18$

分子を構成しているすべての原子の原子量の総和を分子量という．分子量をそのままグラム単位にすると，1モルの物質の重さになる（水の場合は 18 g）．

例題 7.1 コップ1杯の水（180 g）が，127 ℃（400 K），1気圧ですべて気体の水蒸気になったら体積はどのくらいになるか？

解答

ボイル-シャルルの法則より，体積は

$$V = \frac{nRT}{P} \qquad (式7\text{-}5)$$

で求められる．いま，水 180 g でこれは 10 モル（$n=10$），温度は 400 K，圧力は 1 気圧である．これらを（式7-5）に入れると

$$V = \frac{10 \times 0.082 \times 400}{1} \approx 330 \text{ L}$$

になる．コップ1杯の水を沸騰させて水蒸気にしたら2リットルのペットボトル165本分の体積になるということである．

このように，水を沸かして蒸気にすると体積がはるかに大きくなるので，容器に閉じ込めておくと大きな力が得られる．これが蒸気機関であり，今でも発電所で発電機を回したりするのにこの原理が利用されている．

圧力の単位 *Column*

　圧力（pressure）とは，物質が与える力であり，その数値を表すのにいくつかの単位があります．気体の場合によく使われるのが大気圧（地球をとり巻く空気の重さが地表にある物質に与える圧力）を基準としたもので，"気圧（atm）"という単位です．力の大きさは，通常ある重さの物質が地球の重力によって受ける力をもとに，たとえばキログラム（kg）などの重さの単位〔正確には重量キログラム（kgw）〕で表され，1気圧の圧力は1平方センチメートルあたりおよそ1キログラム（$1 \text{ kg}/\text{cm}^2$）の重さに対応します．大気圧というのは結構強くて，もし真空容器があったら，そのふたや壁には大きな力がかかってつぶれてしまいます．マグデブルグの半球といって，すき間を真空にしてぴったり密着させた2つの半球を何頭かの馬で引いてもはずすことができなかったという歴史的な実験もあります．

　最近は，天気予報などでヘクトパスカル（hPa）という圧力の単位が使われています．1気圧は1013ヘクトパスカルです．実は少し前まではミリバール（mbar）という単位を使っていて，これも同じく1気圧は1013ミリバールです．それが，国際的な取り決めで今はヘクトパスカルという単位を使うことになっています．たとえば，1050ヘクトパスカルだったら高気圧で，水の蒸発や上昇流が起こらないのでよいお天気になります．970ヘクトパスカルだったら低気圧で，水蒸気が上昇して上空で冷却され雨雲がたくさんできます．台風の中心では大気の圧力が最も低くなります．950ヘクトパスカル以下になるとかなり激しい台風なので注意しましょう．

　気体の圧力というのは，化学では特に重要な因子であって，圧力によって気体になったり液体になったり，反応が起こったり止まったりします．人間にプレッシャーがかかったときにふだんと違うふるまいをしてしまうのと似ているような気もします．

1kg

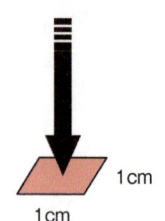

1cm × 1cm

1気圧（atm）
＝
1013ヘクトパスカル（hPa）

7.3 気体分子の衝突

　気体分子は毎秒 500 メートルくらいの速さで並進運動しているので，いくら分子が小さいといってもかなり頻繁に衝突をくり返している．ここでは気体分子の衝突回数について考えてみよう．

　簡単のために分子を直径 r の球だと考える．運動エネルギーは分子1個1個でまちまちであるが，その平均の値は温度で決まっていて，これを $\bar{v}$ とする．分子は1秒間に $\bar{v}$ だけ移動するが，その間に図 7-3 に示したように直径 $2r$，長さ $\bar{v}$ の円筒の中にある分子と衝突すると考えてよい．つまり，気体分子の1秒間の衝突回数はその円筒にある分子の個数と同じになり，分子の密度 ρ（体積 $1\,\mathrm{m}^3$ 中の分子の数：個 $/\mathrm{m}^3$）と円筒の体積 V_c（m^3）の積で与えられる．したがって，気体分子が平均として1秒間に衝突する回数は

$$Z = V_\mathrm{c}\rho = \pi r^2 \bar{v} \rho \tag{式7-6}$$

で計算できる．この式のなかの分子の速度は，次の式で与えられる．

$$\bar{v} = \sqrt{\frac{3kT}{m}} \quad (\mathrm{m/sec}) \quad (k\text{ はボルツマン定数}) \tag{式7-7}$$

　分子の密度 ρ はボイル–シャルルの法則から求めることができ，

$$\rho = \frac{N}{V} = \frac{nN_\mathrm{A}}{V} = \frac{nN_\mathrm{A}}{nRT}P = \frac{N_\mathrm{A}}{RT}P \tag{式7-8}$$

で与えられ，（式 7-6）（式 7-7）（式 7-8）より，次のようになる．

$$Z = \pi r^2 \sqrt{\frac{3k}{mT}} \frac{N_\mathrm{A}}{R} P$$

　気体分子の温度が一定なら衝突回数は圧力に比例することがわかる．

> ● 数式チェック ●
> **気体分子の衝突回数**
> $Z = \pi r^2 \bar{v} \rho$
> r：直径（m）
> $\bar{v}$：速度（m/sec）
> ρ：密度（個 /m³）

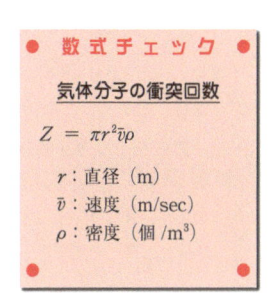

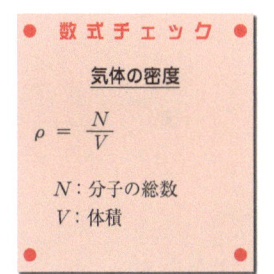

➡ p.73「数式チェック（気体分子の速さ）」参照

> ● 数式チェック ●
> **気体の密度**
> $\rho = \dfrac{N}{V}$
> N：分子の総数
> V：体積

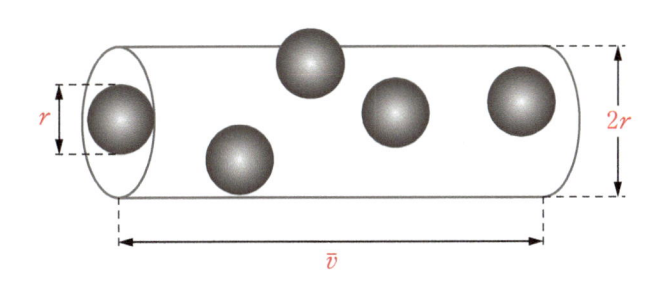

● 図 7-3　気体分子の衝突
この円筒は，直径が分子の2倍（$2r$），長さが平均の速度 $\bar{v}$ になっている．
1秒間に分子が衝突する回数は，この円筒の中にある分子の数に等しい．

例題 7.2 27 ℃（300 K），1 気圧（1 atm）での酸素分子（直径 0.2 nm の球と考える）の 1 秒間での衝突回数はいくらか？

解答

酸素分子（O_2）の質量は

$$m_{O_2} = \frac{2 \times 16 \times 10^{-3}}{6 \times 10^{23}} = 5.4 \times 10^{-26} \text{ kg}$$

である．これから，室温（$T=300$ K）での平均速度は，

$$\bar{v} = \sqrt{\frac{3kT}{m}} = \sqrt{\frac{3 \times 1.4 \times 10^{-23} \times 300}{5.4 \times 10^{-26}}} = 480 \text{ m/sec}$$

になる（k はボルツマン定数）．

また，300 K，1 atm の気体の酸素分子の密度は，ボイル－シャルルの法則より

$$\rho = \frac{N}{V} = \frac{N_A}{RT}P = \frac{6 \times 10^{23}}{0.082 \times 10^{-3} \times 300} \times 1$$

$$= 2.4 \times 10^{25} \text{ 個}/\text{m}^3$$

になる．これから，その衝突回数は

$$Z = \pi r^2 \bar{v} \rho$$
$$= 3.14 \times (2 \times 10^{-10})^2 \times 480 \times 2.4 \times 10^{25}$$
$$= 1.4 \times 10^9$$

つまり，空気中の酸素分子は 1 秒間に 14 億回衝突をくり返していることになる．

p.73「数式チェック（気体分子の速さ）」参照

このように，空気中の分子の衝突回数は，通常では毎秒 10 億回くらいと非常に多い．したがって，衝突がなければ分子は 1 秒間に 500m くらい移動するはずであるが，少し動くと衝突するのでなかなか進めず，空間的にはほとんど移動しない．また，空気中の酸素分子や窒素分子はいくら衝突しても反応などのめだった変化が起きないので気にならないが，何らかの条件の変化で一度反応し始めるとたちどころに進んでしまう危険性を秘めていることがわかる．なお，温度が高くなると分子の速度が大きくなって衝突回数も増え，燃焼や爆発などのような過激な反応が起こりやすくなる．

7章のポイントと練習問題

□ 気体物質のモデル

気体は，密度が小さいので分子どうしの相互作用がほとんどない．気体の圧力とは，気体分子が容器の壁に当たって跳ね返るときに，壁に力を加えるものである．

➡図7-2 参照

□ ボイル－シャルルの法則

気体分子を容器に入れて密閉したとき，気体の圧力（P），容器の体積（V），絶対温度（T）の間には次の関係式が成り立つ．

$$PV = nRT$$

□ 気体分子の衝突回数

気体分子は，毎秒500メートルくらいで並進運動をしており，頻繁に衝突をくり返している．1秒間の衝突回数は，次の式で表すことができる．

➡図7-3 参照

$$Z = V_c \rho = \pi r^2 \bar{v} \rho$$

問題 7-1 ドライアイス22 gを2 Lのペットボトルに詰めた．ふたをして絶対温度300 Kに放置してすべて気体になったら，その圧力はいくらになるか．ボイル－シャルルの法則を用いて計算せよ．

➡ドライアイスのモル数を計算し，$PV = nRT$にそれぞれの値を入れよう．

問題 7-2 宇宙空間には1 m^{3}に1個くらいのH原子がある．この速度を1000 ms^{-1}，原子を直径0.1 nmの球だとすると，その衝突時間はいくらか．

➡$Z = \pi r^2 \bar{v} \rho$にそれぞれの値を入れて計算しよう．

問題 7-3 分子が衝突した後，次に衝突するまでに進む平均の距離を平均自由行程という．O$_2$分子を直径0.2 nmの球だと考え，平均速度を480 ms^{-1}とすると，1 atmでの平均自由行程はいくらになるか．

➡最初に衝突回数を計算し，平均速度をそれで割ると平均自由行程が計算できる．

8章 液体の性質

液体の密度は気体に比べるとはるかに高く，分子どうしはおたがいに強く引き合っている．液体の特徴は形状がすぐに変化し，その中で物質の移動が容易にできるということである．液体物質のうち特に重要なのは水であるが，その性質はとても不思議である．それは，水分子の形（二等辺三角形）と水素結合に由来する．たとえば凍ると体積が増えるとか，わずかに電気を通すとか，ごく一部の水分子が解離しているとか，他の液体とはかなり異なっている．

8.1 液体物質のモデル

液体の特徴としては，

1. 気体よりもはるかに密度が高く，分子どうしの相互作用が大きい．
2. 形状がすぐに変わり，すみやかに移動することができる．
3. 他の物質が溶け込んで溶液をつくり，液体の中でその物質を輸送することができる．

が挙げられる．このような液体の性質を理解するためにはどのような構造を考えればよいであろうか．簡単なモデルは図 8-1 のようなものである．

液体中の分子どうしは強く引き合っていてかなり近づき合い，そのため密度が大きくなっている．固体物質も同じような密度であり，液体と固体を合

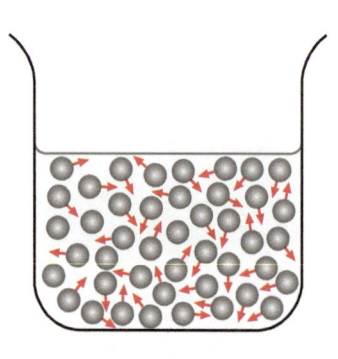

● 図 8-1　液体の構造モデル
液体では分子どうしは隣り合うほど密に集まっているが，それでも少しすき間（孔）がある．それが自在に動くので液体は形状が変わる．

わせて凝縮体ということもある．ただし，固体との決定的な違いは，液体ではその形状がすぐに変わるということである．たとえば，コップの中の水は容器の形状に沿って円筒の形になっているが，コップを傾けると細長くなって流れ出し，それをボウルで受けたら今度はそれに合わせて丸くなる．この性質を理解するためには，液体では分子どうしは隣り合うほど密に集まっているが，それでも少しすき間（孔）があり，それが自在に動くことにより分子の相対的な位置や方向が変わって形が変わるというモデルを考えればよい．

さらに，他の物質を混ぜると分子の一部が他の分子で置き換わり，均一で流動的な構造ができあがる．これを溶液といい，水に何か他の物質を溶かしたものを水溶液という．したがって，溶けた物質が水の中を自由に移動できたり，局所的に特異な状況になって液体でしか見られないような特別の化学反応が起こったりする．

> **考え方のヒント**
>
> **水溶液中の反応**
>
> 水溶液中では多くの分子が分解してイオンになる．酸性やアルカリ性といった性質はそれによるものである．さらにヒトの体内でも，酸素が赤血球の中のヘモグロビンと結合したり，炭水化物が分解して水と二酸化炭素になったりという反応が起きていて，これらは水溶液中でしか起こらない特別な反応である．

8.2 液体物質の密度

気体の水蒸気（軽い）と液体の水（重い）を比べるとすぐにわかるが，液体物質の密度は気体よりもはるかに大きい．まずは液体の密度は実際にどれくらいであるかを計算してみよう．

例題 8.1 液体の水の密度は気体に比べてどれくらい大きいか．

解答

水の重さは 1 mL（1 cm³）で 1 g なので，1 立方メートル（1 m³）では 1 トン（1000 kg）になり，そこに含まれる水分子のモル数は

$$n = \frac{1000}{18 \times 10^{-3}} \approx 5 \times 10^4 \text{ mol}$$

である．したがって，分子の総数は

$$N = 5 \times 10^4 \times 6 \times 10^{23}$$
$$= 3 \times 10^{28}$$

になる．密度（ρ）というのは 1 m³ あたりの分子の数なので，

$$\rho = \frac{N}{V} = \frac{3 \times 10^{28}}{1}$$
$$= 3 \times 10^{28} /\text{m}^3$$

> **数値チェック**
>
> **体積の単位**
>
> 1 mL（ミリリットル）
> = 1 cm³（立方センチメートル）
> = 1 cc（センチメートルキュービック）
> = 10^{-6} m³（立方メートル）

➡ p.91「数式チェック（気体の密度）」参照

8章 液体の性質

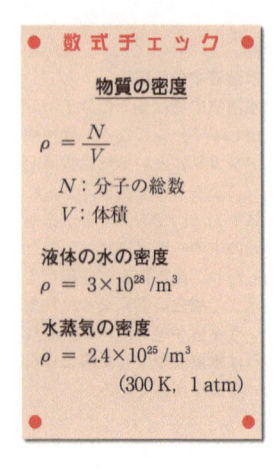

> **●数式チェック●**
> **物質の密度**
> $\rho = \dfrac{N}{V}$
> N：分子の総数
> V：体積
>
> **液体の水の密度**
> $\rho = 3\times 10^{28}\,/\mathrm{m}^3$
>
> **水蒸気の密度**
> $\rho = 2.4\times 10^{25}\,/\mathrm{m}^3$
> （300 K，1 atm）

になる．
さて，これを気体の密度と比べてみよう．気体の水蒸気では，その密度はボイル-シャルルの法則を使って求められ，300 K，1 atm では

$$\rho = \dfrac{N}{V} = \dfrac{N_\mathrm{A}}{RT}P = \dfrac{6\times 10^{23}}{0.082\times 300\times 10^3}\times 1$$

$$= 2.4\times 10^{25}\,/\mathrm{m}^3$$

になる．これから，水の液体の密度は気体に比べて 1000 倍ほど大きいということになる．

> **●考え方のヒント●**
> **分子の大きさの正しいモデル**
> 液体の水の密度の実験値から1個の分子が占める体積を計算すると $3\times 10^{-29}\,\mathrm{m}^3$ となり，これは一辺が 0.3 nm の長さの立方体の体積である．この長さは O–H 結合の3倍である．球で考えると球と球の間にはすき間ができるので，体積の値を説明するモデルとしては立方体のほうがよいのだろうが，実際には水分子はあらゆる方向にくるくる回転しているので，平均の形としては球のほうがよさそうである．さらに，水は水素結合のネットワークをつくっていてその構造は謎であり，正確な体積の値を出すのは難しい．ただ，ここでのモデルの値が2倍くらい違っているのは，液体ではまだ少し身動きできるすき間があることを示しているのかもしれない．いずれにせよ，分子どうしが密に詰まっているのは確かである．

水分子は二等辺三角形でその大きさを定めるのは難しいが，結合の長さが 0.1 nm なので，その3倍の 0.3 nm くらいの直径の球だと考えてみる．するとその体積 $V_{\mathrm{H_2O}}$ は，

$$V_{\mathrm{H_2O}} = \dfrac{4}{3}\pi r^3 = \dfrac{4}{3}\times 3.14 \times (0.15\times 10^{-9})^3$$

$$= 1.4\times 10^{-29}\,\mathrm{m}^3$$

になる．一方，実際の液体の中で1個の分子が占める体積 $V'_{\mathrm{H_2O}}$ はどのくらいだろうか．これは全体の体積を分子数で割ればいいから分子の密度の逆数になる．計算してみると，例題 8-1 より，

$$V'_{\mathrm{H_2O}} = \dfrac{1}{\rho} = \dfrac{1}{3\times 10^{28}}$$

$$= 3\times 10^{-29}\,\mathrm{m}^3$$

となり，$V_{\mathrm{H_2O}}$ と $V'_{\mathrm{H_2O}}$ を比べると，ほとんど同じくらいの体積であることがわかる．つまり，水を例にして計算してみると，液体というのはほとんど身動きがとれないくらい密に分子が詰まっていると考えられる．それでも少しの余裕が残っていてところどころにすき間があり，相対的な位置や方向を自由に変えることはできる．これが液体のモデルである．

8.3 分子どうしの引き合う力

液体という状態はなぜ存在するのだろうか．それはすべての分子にはおたがいに引き合う力（これを**凝縮力**あるいは**ファンデルワールス力**とよんでいる）があることによる．温度が低くなると熱エネルギーが小さくなり，ばら

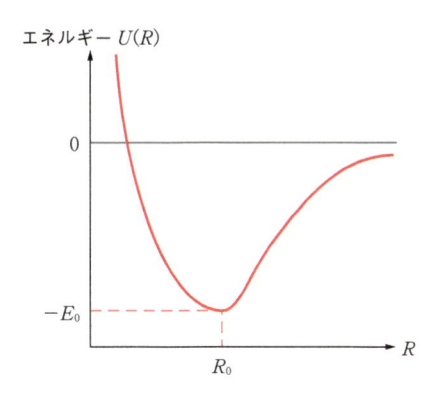

●図8-2　レナード-ジョーンズポテンシャル

考え方のヒント
分子内と分子間のポテンシャル

図8-2の分子間の相互作用のポテンシャルは，p.59の図4-13で示した分子内の化学結合のポテンシャルと似ていて，右端の$R=\infty$では一定の値で，$R=R_0$で極小値になり，$R=0$では無限大になる．これらは基本的には電気的な引力と斥力のかね合いによるのだが，分子内の化学結合のポテンシャルは2つの原子核の＋の電荷とその中間に電子が集まってできる－の電荷の効果をすべて足し合わせたもので，簡単な式では表せない．これに対し，分子間の相互作用は分子の中での電荷の偏りによるもので，その平均を考えるという理論的なモデルからレナードジョーンズポテンシャルが導かれる．

ばらになって気体分子になろうとする力よりも凝縮力が勝って多くの分子が凝縮し，密度の高い液体や固体になると考えられている．

分子の間の相互作用をポテンシャルエネルギーで表すとわかりやすい．いま分子間の距離をRとする．分子どうしの引き合う力つまり凝縮力によるエネルギーの安定化は，詳しい計算でR^{-6}に正比例（R^6に反比例）することが知られていて，分子が近づくほどエネルギーは小さくなる．しかし，あまり近づきすぎると今度は分子間の電気的な反発が急激に大きくなり，この効果によるエネルギーはR^{-12}に正比例（R^{12}に反比例）することが知られている．この2つの効果を合わせると分子間の相互作用のポテンシャルエネルギー$U(R)$になり，式で表すと

$$U(R) = E_0\left\{\left(\frac{R}{R_0}\right)^{-12} - 2\left(\frac{R}{R_0}\right)^{-6}\right\}$$

となる．これを**レナード-ジョーンズポテンシャル**といい，横軸に分子間距離R，縦軸に$U(R)$をとってグラフにしたのが**図8-2**である．R_0はポテンシャルエネルギーが最も小さくなる分子間距離で，分子に固有の値である．

電気的な偏りが大きいものを**極性物質**というが，そこでは電気的な引力が強く働いて分子どうしの引き合いも大きい．分子間の電気的な反発の効果は同じだが，引き合いがより強くなると沸点が高くなる．水やアルコールなどは極性で，分子どうしの引力が強いので高い温度でも液体の状態をとり沸点が比較的高い．逆に極性の小さい分子では沸点は低い．それでも冷却すれば液体になる．窒素分子（N_2）では沸点は77 K（-196 ℃），さらに，ほとんど極性のないヘリウム原子も極低温にすると液体になり，沸点は4 K（-269 ℃）である．

数式チェック
レナード-ジョーンズポテンシャル

$$U(R) = E_0\left\{\left(\frac{R}{R_0}\right)^{-12} - 2\left(\frac{R}{R_0}\right)^{-6}\right\}$$

8.4 液体の粘度と形の変わりやすさ

　液体物質の形状は，重力や容器の形によってすみやかに変化する．しかし，物質によって変化しやすいものと変化しにくいものがあり，その度合いを表すのに**粘度**という値がある．一般にはミリパスカル秒（mPa·s）という単位を使い，ねばねばして動きにくく変形しにくい液体ほど値が大きく粘度が高い．**表8-1**にいろいろな物質の粘度を示してある．

　もともと，粘度は隣り合っている分子のおたがいの位置や方向がどれだけずれやすいかによっていると考えられるので，不凍液に使うエチレングリコールや代表的な油脂であるグリセリンのように，細長くて折れ曲がった分子の液体は一般に粘度が高い（**図8-3**）．逆に液体ヘリウムのような小さくて丸い原子の液体では粘度はきわめて低く，条件によっては容器の壁も自発

◆ 表8-1　いろいろな物質の粘度

物質名	25℃での粘度 (mPa·s)
水	1.0
エーテル	0.24
クロロホルム	0.57
メチルアルコール	0.62
ベンゼン	0.65
酢酸	1.2
エチルアルコール	1.2
水銀	1.6
灯油	2.4
エチレングリコール	23
グリセリン	1500

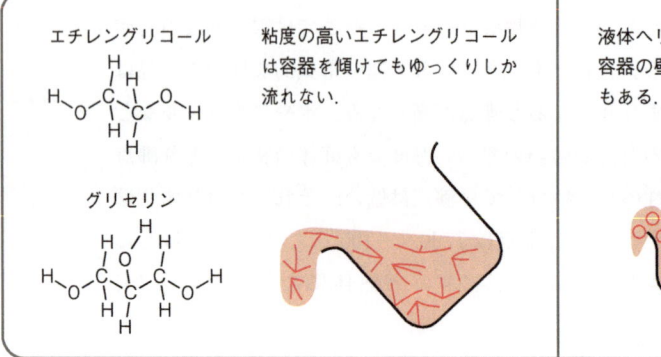

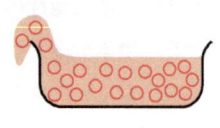

● 図8-3　粘度の高い分子と低い分子

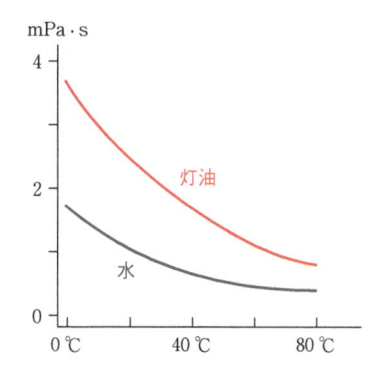

●図8-4　粘度の温度変化

的に越えてしまう超流動現象も起こる．超流動ヘリウムの粘度は0である．

注意しなければならないのは，液体の粘度は温度によって変わることである．一般に温度が高くなると粘度の値は小さくなる．これは，熱エネルギーとともに分子の運動が活発になり，おたがいの位置や方向が変わりやすくなるからである．**図8-4**は，水と灯油の粘度の温度変化を表したものである．灯油は水に比べて2倍ほど粘度が大きいが，温度が高くなると室温の水と同じくらいさらさらになる．灯油に繊維質の芯を浸して点火すると燃焼反応が継続して起こるが，温度が高くなると灯油は芯の中をよりすみやかに移動し，芯の先端で気化して酸素と反応し燃焼を続けることができる．

8.5　溶液と溶解度

蒸留水のような純粋の水は飲んでもまったく味がしない．実際にわれわれが使っている'水'というのは純粋な水ではなく，何か他の物質が溶け込んだ混合液であって，これを水溶液という．水には多くの物質が溶け，いろいろな水溶液ができて，生体や地球環境でも重要な役割を果たしている．

溶液というのは，液体物質の中の分子の一部が他の分子に置き換わったようなモデルで考えるとよい．たとえば酒はエチルアルコール（C_2H_5OH）の水溶液であるが，エチルアルコール分子は水分子3つくらいの体積をもっていて，その分の空間が置き換わったような構造であると考えられる〔**図8-5（a）**〕．たとえ溶かす物質が固体であっても，液体の中に入れて撹拌すると分子がばらばらになって溶け込みほぼ均一に分布する．

ある物質が他の液体物質の中に溶け込むためには，違う種類の分子どうしの親和力が必要である．水と油のように相性の悪い分子どうしはいくら撹拌しても溶けることはない．また，親和力はあってもその強さによって最大限どれだけの量の物質が溶けるかが違っていて，これを溶解度という．溶解度

考え方のヒント

水と油
ベンゼン（C_6H_6）は油の代表で，水（H_2O）にまったく溶けない．これは，分子どうしの親和力がないためである．水は電荷の偏りが大きく極性も大きいうえに，水素結合もできているので，極性のない分子はその中に入り込みにくいと考えられる．ベンゼンは σ 結合も π 結合も分子全体に均一に分布していて電荷の偏りがなく，水分子と近づいても逆に反発するくらいである．ベンゼンと水を混ぜていくらかき回しても溶けることはなく，しばらくすると水の上にベンゼンの層ができる．

8章 液体の性質

(a) エチルアルコールの水溶液　　(b) 食塩の水溶液

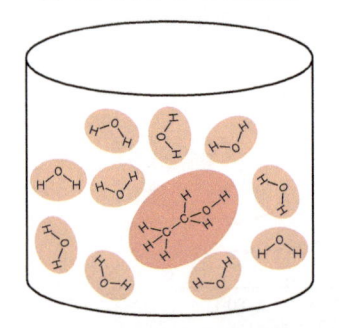

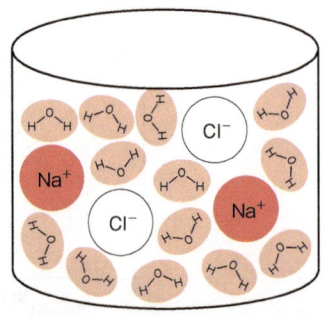

● 図 8-5　水溶液のモデル
(a) エチルアルコールは分子のまま水に溶けているが，(b) 食塩は分解してNa$^+$とCl$^-$のイオンになって溶けている．

考え方のヒント

砂糖水と食塩水

砂糖はスクロース分子（C$_{12}$H$_{22}$O$_{11}$）の固体である．

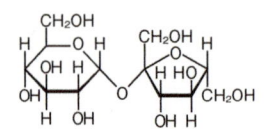

分子量は342で，水に比べると20倍くらい重くて大きい．したがって，運動エネルギーも大きいので，溶解度およびその温度による増加も大きい．さらに，スクロース分子は多くのOH基をもっていて，水分子との親和力も強い．このようにいろいろな理由で砂糖の溶解度は高いと考えられる．多量に溶けたときには，むしろ砂糖の中に水が溶け込んで，そのまま液体になっている感じである．

これに対して，食塩の溶解度とその温度による増加はそれほど大きくない．これは運動エネルギーによって溶ける効果が小さいことを示している．NaClの分子量は60で，スクロースの6分の1くらいである．食塩水の中ではすべてNa$^+$とCl$^-$になって溶けているので，溶解度はほとんどイオンと水分子の親和力，つまり電気的な引力によっていると考えられる．

はふつう水100 gに溶ける物質の質量（g）で表す．

食塩（塩化ナトリウム；NaCl）は100 gの水に20℃で最大36 gまで溶ける．食塩は水によく溶けるほうであるが，砂糖（ショ糖）はさらによく水に溶け，100 gの水に20℃で何と204 g，つまり水の2倍以上も溶ける．図8-6は溶解度の温度変化を図にしたものであるが，砂糖の溶解度は温度とともに大きくなり，80℃では362 gも溶ける．温度が上がるとともに分子の運動エネルギーが大きくなって他の分子が水分子の中に入っていきやすくなると考えられ，一般に溶解度は温度が高いほど大きい．例外が食塩で，その溶解度は温度を高くしてもあまり変わらない．これは，塩化ナトリウムは

$$NaCl \longrightarrow Na^+ + Cl^-$$

の反応で解離してNa$^+$とCl$^-$になり，溶け込むのに電気的な力が大きく働いているので，それに比べると運動エネルギーの効果は小さく，溶解度はあまり温度によって変化しない〔図8-5 (b)〕．

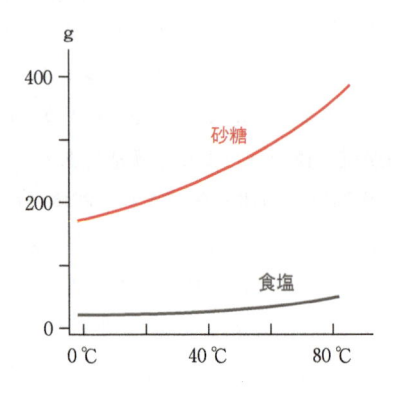

● 図 8-6　溶解度の温度変化

溶解度が温度とともに高くなる物質では，その溶解度の差を使って物質の純度を高めることができる．まず高温で物質を最大限溶かした溶液をつくり（これを飽和溶液という），そのまま温度を低くすると溶解度が小さくなり，溶けきれなくなった分の物質が純度の高い結晶として析出する．これを再結晶といい，この操作によって不純物を取り除いた純度の高い物質を取り出すことができる．

例題 8.2

カップ1杯の熱湯（180 g，80 ℃）には最大限どれくらいの量の砂糖を溶かすことができるか．また，最大限溶かした後 20 ℃まで冷ましたら，カップの底に何gの固体の砂糖が析出するか計算せよ．ただし，砂糖の溶解度は 20 ℃で 204 g，80 ℃で 362 g である．

解答

砂糖の溶解度は 80 ℃の水に対しては 362 g なので，180 g の水には最大限

$$362 \times \frac{180}{100} = 652 \text{ g}$$

の砂糖が溶ける．
さて，これだけの砂糖を溶かした後 20 ℃まで冷ましたとき，砂糖の溶解度は 20 ℃の水に対しては 204 g なので，180 g の水には最大限

$$204 \times \frac{180}{100} = 367 \text{ g}$$

しか溶けない．したがって，カップの底には差し引き 285 g の砂糖が固体になって析出することになる．

8.6 水溶液中でのイオンの生成（酸性，アルカリ性）

液体の水はとても不思議な物質で，実はごく一部ではあるが分子が解離してイオンができている．

$$H_2O \longrightarrow H^+ + OH^-$$

考え方のヒント

水の中での会合体

多くの物質は水に溶けないが，会合体をつくり水に溶けるものがある．牛乳に含まれる，脂肪やタンパク質が集まった微粒子の界面には水と親和力が強い部分があり，周りを水分子が取り囲むような会合体（コロイド）をつくる．牛乳に光を当ててルーペで観測するとコロイド粒子が細かく動くチンダル現象が見られる．石けんは，水と油それぞれと親和力の強い部分をもち，油の分子を取り囲んで水に溶ける会合体（ミセル）をつくる．

　この水素イオン H^+ と水酸イオン OH^- は電荷をもち，水の中を自由に動くことができるので，水はわずかではあるが電気を通す．液体の水にはほかにも特有の性質があって，溶けた他の分子がイオンになったり少し変わった分子の会合体ができたりする．水が分解しているだけであれば H^+ と OH^- の量は等しいので全体としては中性になっているが，これに加えて H^+ を出すような物質が溶け込んだらこれを**酸性**，OH^- を出すような物質が溶け込んだらこれを**アルカリ性**（**塩基性**）とよんでいて，これらは水溶液の基本的な性質となっている．

　身近な酸としては酢酸（CH_3COOH）があるが，これは水に溶けると

$$CH_3COOH \longrightarrow CH_3COO^- + H^+$$

生理食塩水は 0.9％ *Column*

　食塩は塩化ナトリウムの結晶で，これを水に溶かすとすべての分子が解離して原子イオンの状態になっています．これは，Na 原子は電子を受け渡しやすく，Cl 原子は電子を受け入れやすい性質があるからで，食塩水というのは電気的な偏りも大きくて極性も大きく電気を通しやすくなっています．

　われわれの体内も濃度が 0.9％の食塩水で満たされていて，これを生理食塩水といいます．適度な濃度の食塩水になっていると，酸やアルカリ反応，電気的な反応などが穏やかに進み，純粋な水に比べると生命の機能を保つのに有利だと考えられます．それに，水に対する食塩の溶解度は高いので，溶けきれなくて体内で固体の食塩が析出して困ることもありません．

　食塩はわれわれが生きていくために必須の物質なのですが，あまり摂取しすぎると高血圧の原因になるといわれています．さらに，最近の研究で Na^+ の代わりに K^+（カリウムイオン）を摂ると高血圧が改善されることがわかりました．それでは，食塩ではなくて生理塩化カリウム水だったらいいのかというと，残念ながら KCl は水への溶解度がさほど高くなく，たぶん生命機能はうまく作用しないと思われます．

　さて，この生理食塩水は人間の起源が海であることのなごりであると考えられています．しかし，海水中の食塩の濃度は 3.5％くらいで生理食塩水より高く，われわれは海水を飲んで水を補給することはできません．適当な濃度を保つことが液体の化学で最もたいせつなことなのです．ずいぶん前に，イスラエルの死海で泳いだことがあります．食塩の濃度が 15％と非常に高く，プカプカ身体が浮いて楽しいのですが，5 分もしないうちに皮膚が赤くなってひりひり痛むようになりました．Na^+ と Cl^- の濃度が高すぎると反応が激しく起こりすぎて生命機能が維持できないものなのです．もちろん濃度が低いと生命に必要な化学反応が起こらなくなりますから，生理食塩水の濃度 0.9％というのはとても重要な値で，これを保つのが健康を維持するためのたいせつな化学です．

死海に浮かぶ著者

の形で H^+ が出てくる．しかし，この反応の割合は全体としては小さく，酢酸の酸性は弱い．酢は酢酸の 5% 水溶液である．

アンモニアは水に溶けると

$$NH_3 + H_2O \longrightarrow NH_4^+ + OH^-$$

の反応で OH^- を出すのでアルカリ性である．

例題 8.3 酸とアルカリの代表的な分子を示し，水溶液の中でのイオンの生成反応の式を示せ．

解答
代表的な酸としては次のような物質があり，反応式は，

塩酸　　$HCl \longrightarrow H^+ + Cl^-$
硝酸　　$HNO_3 \longrightarrow H^+ + NO_3^-$
硫酸　　$H_2SO_4 \longrightarrow 2H^+ + SO_4^-$
炭酸　　$H_2CO_3 \longrightarrow H^+ + HCO_3^-$

また，アルカリ性の代表的な物質としては次のようなものがある．

水酸化ナトリウム　　$NaOH \longrightarrow Na^+ + OH^-$
水酸化カルシウム　　$Ca(OH)_2 \longrightarrow Ca^{2+} + 2OH^-$
水酸化アルミニウム　$Al(OH)_3 \longrightarrow Al^{3+} + 3OH^-$

8.7 ペーハー（pH）値

水の中では必ずイオンが生成しているので，酸性かアルカリ性かというのは，水溶液では最もたいせつなことといえる．これを正確に数値で表したのが，**ペーハー（pH）値**である．これは，水溶液中での水素イオン（H^+）の濃度によって定義されるものである．実は，液体の水は特殊な性質をもっていて，水素イオン（H^+）と水酸イオン（OH^-）の濃度の積は常に一定になっている．式で表すと次のようになる．これを**水のイオン積**という．

$$[H^+][OH^-] = 1 \times 10^{-14} \, (mol/L)^2$$

ここで，$[H^+]$ と $[OH^-]$ はそれぞれ H^+ と OH^- の濃度であり，1 L の水の中

● **数値チェック** ●

水のイオン積

$[H^+][OH^-] = 1 \times 10^{-14}$
　　　　　$(mol/L)^2$
純粋の（中性の）水では，
$[H^+] = [OH^-]$
　　$= 1 \times 10^{-7} \, mol/L$

8章 液体の性質

p.156「12.4 酸塩基平衡」参照

に何モルのイオンが存在するかという mol/L（モルパーリットルと読む）の単位で表す．この法則は第Ⅳ部で解説する平衡という現象のひとつであり，水溶液中の2つのイオンの濃度の積は，常に一定の値に保たれている．

例題 8.4

純粋な水での [H^+] の濃度を求めよ．

解答

純粋な水の中では，一部の分子が次のように解離している．

$$H_2O \longrightarrow H^+ + OH^-$$

したがって，これから生成する H^+ と OH^- の数は同じ（[H^+] = [OH^-]）になり，水のイオン積より次の値が求められる．

$$[H^+][OH^-] = 1 \times 10^{-14} \, (mol/L)^2$$
$$\therefore [H^+]^2 = 1 \times 10^{-14}$$
$$\therefore [H^+] = \sqrt{10^{-14}} = 10^{(-14/2)}$$
$$= 10^{-7} \, mol/L$$

数学を使おう

対数 $\log x$

ある値が $x = 10^y$ で表されているとき，

$$\log x = y$$

を**対数**という．つまりその値の'ベキ'の部分だけを取ったもので，たとえば，$\log 1000 = 3$, $\log 100 = 2$ という値になる．$\log 1 = 0$ である．10で割り切れない値に対しては，$\log 2 = 0.3$, $\log 3 = 0.48$ というように関数電卓で求めればよいが，次のような関係式を知っておくと，他の多くの値を容易に計算できる．

$$\log a^b = b \log a,$$
$$\log ab = \log a + \log b$$

$$\log\left(\frac{1}{a}\right) = -\log a,$$
$$\log\left(\frac{a}{b}\right) = \log a - \log b$$

これらを用いると，たとえば

$$\log 4 = \log 2^2 = 2 \log 2 = 0.60$$
$$\log 5 = \log\left(\frac{10}{2}\right) = 1 - \log 2$$
$$= 0.70$$
$$\log 200 = \log 2 + \log 100$$
$$= 0.30 + 2 = 2.3$$

が得られる．

この水溶液中の水素イオン濃度の対数に -1 を掛けた値をペーハー（pH）値と定める．すなわち，

$$\mathrm{pH} = -\log[\mathrm{H}^+]$$

である．例題 8.4 のとおり，純粋な水は中性であるが，このとき $[\mathrm{H}^+] = 1 \times 10^{-7}$ mol/L であるので，純粋な水では

$$\mathrm{pH} = -\log[\mathrm{H}^+] = -\log(10^{-7}) = 7$$

となり，中性の水溶液の pH 値は 7 である．酸性になると，中性に比べて $[\mathrm{H}^+]$ が大きくなるので pH 値は小さくなり，pH 値が 5, 6 くらいで弱酸性，強酸である塩酸や硫酸では 1 といった値になる．逆に，アルカリ性になると中性に比べて $[\mathrm{OH}^-]$ が大きくなるが，イオン積が一定であるので $[\mathrm{H}^+]$ は小さくなり，pH 値は大きくなる．pH 値が 8, 9 くらいで弱アルカリ性，強アルカリである水酸化ナトリウムなどでは pH 値は 13, 14 といった値になる．

● 数式チェック ●
ペーハー（pH）値

$\mathrm{pH} = -\log[\mathrm{H}^+]$

純粋の（中性の）水では，
$\mathrm{pH} = -\log[\mathrm{H}^+]$
$= -\log(10^{-7}) = 7$

● 数値チェック ●
酸性・アルカリ性

pH 1〜3　　強酸性
pH 4〜6　　弱酸性
pH 7　　　　中性
pH 8〜10　　弱アルカリ性
pH 11〜14　　強アルカリ性

環境と化学

酸性雨と NO$_x$, SO$_x$

水溶液で重要な値は pH 値であり，酸性か中性かアルカリ性かを表します．酸性でもアルカリ性でも水の中でのイオンの量のバランスが崩れると，その水溶液は化学的に活性になってしまいます．われわれ生物はその過激な条件の中では生きていけません．

しかしながら，今最も深刻な問題となっているのが酸性雨です．みなさん，ノックス，ソックス（NO$_x$, SO$_x$）というのを聞いたことがありますか．これは，N 原子や S 原子が酸素と結合したもので，酸素原子の数が異なるいろいろな分子が同時に存在するので，その数を x で表しているのです．これらが水に溶けると硝酸（HNO$_3$），硫酸（H$_2$SO$_4$）になり，水溶液は強い酸性になります．これが酸性雨のメカニズムです．現在，日本だけではなくアジア諸国で多量の化石燃料を燃やしていて，NO$_x$, SO$_x$ が生成しています．これが上昇気流に乗って上昇し，雲の中の水滴に溶け込んで強酸をつくり，偏西風で運ばれて日本で雨として降りそそぐ．これが今の日本の酸性雨だと考えられています．

酸やアルカリの怖さをわれわれ化学者は認識することが多くあります．たとえば自分では十分注意しているつもりなのに塩酸や硫酸を服にこぼしてしまうこともあり，一瞬にして黒くなったり穴が開いたりして驚いてしまいます．同じように，雨の酸性が強いと肌が荒れてしまったり，粘膜がやられたりとたいへんなことになるでしょう．いちばん困るのは多くの植物が枯れたり，弱い生物が絶滅することです．すべての生命のために，雨はやっぱり中性でなければなりません．

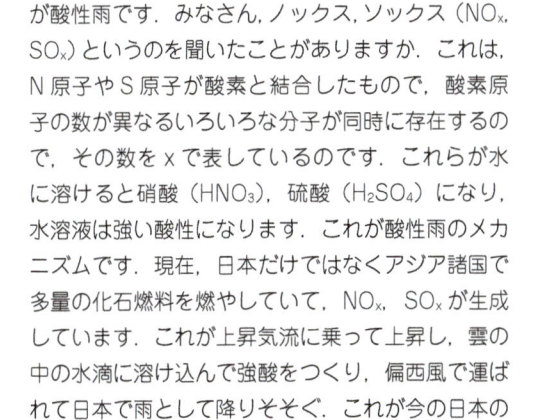

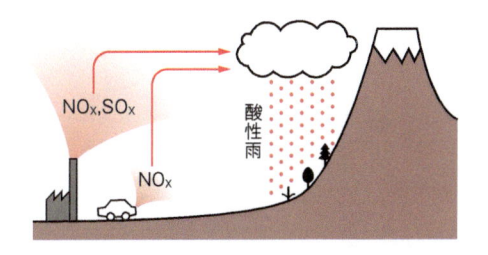

8章のポイントと練習問題

□ 液体物質の密度と粘度

図8-3参照 ←　液体の密度は気体の1000倍くらい大きいが，少しすき間があるので，形状を自由に変えることができる．粘度はそれぞれの物質で異なるが，油脂のように細長くて屈曲している分子では大きい．

□ 溶液と溶解度

図8-6参照 ←　溶解度は100グラムの水に最大限何グラム溶けるかの値で，一般に温度が高いほど大きい．

□ ペーハー（pH）値

水に溶けて水素イオン（H^+）を出す物質が溶け込んだら酸性，水酸イオン（OH^-）を出す物質が溶け込んだらアルカリ性という．液体の水では，ごく一部が解離してH^+とOH^-ができており，その濃度の積は一定である（水のイオン積）．

$$[H^+][OH^-] = 1 \times 10^{-14} \, (\text{mol/L})^2$$

水溶液中の水素イオン濃度の対数に−1を掛けた値をペーハー（pH）値と定める．

$$pH = -\log[H^+]$$

pH値が7のときが中性で，7より小さくなると酸性，7より大きくなるとアルカリ性である．

---

1 cm³の重さとモル数を求めて考えよう．←

問題 8-1　エチルアルコール（C_2H_5OH）の比重（体積1 cm³のグラム単位の重さ）は0.85である．この分子の分子量を求め，1個の分子が占めている体積を計算せよ．

煮詰めるとすべてのNaClを食塩として得ることができる．←

問題 8-2　1 m³の海水には600モルのNaClが溶けている．これを煮詰めると何gの食塩が得られるか計算せよ．

レナード−ジョーンズポテンシャルの式を使って計算しよう．←

問題 8-3　$-E_0 = -10^{-22}$ J，$R_0 = 10^{-9}$ m として，分子間のポテンシャルエネルギーを計算し，グラフに描け．

9章 固体の性質

われわれが最も多く使っているのは固体の物質である．なかでも美しい輝きを放つ結晶は，分子が規則正しく並んだものであり，それぞれに特有なすぐれた性質をもっている．それと同時に，分子が無秩序に配置された非晶質にも多くの有用なものがある．これら固体物質の性質について調べてみる．

9.1 固体物質の構造

固体物質の密度は液体と同じくらいの高さであるが，固くて形状が変わらない．したがって，原子が身動きできないくらい近づき，密に並んで固定されているモデルを考えるのがよいであろう．

まずは，きちんと原子が配列した典型的な例として食塩（NaCl）の構造を図9-1に示す．このように原子が規則正しく配列した構造をもつ固体を**結晶**（crystal）という．NaClの場合は原子イオンNa^+とCl^-が，立方体の頂点上に交互に配列され，最も近くにいる同じイオンの間の距離は0.5641 nmで，すべて同じになっている．食塩の粒はよく見るとサイコロのような立方体になっていて，この結晶構造をよく反映している．

金属や有機分子などでも結晶ができるが，その形は板状だったり針状だっ

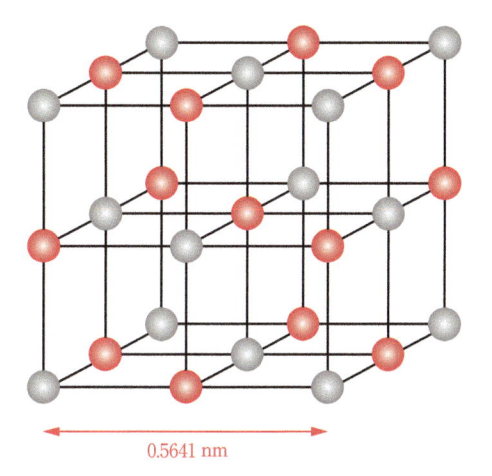

考え方のヒント

液体と固体の違い
液体と固体ではすぐ隣にほかの分子があって，密度はほとんど同じであるが，その性質はかなり違う．多くの物質では固体のほうが少しだけ密度が高い．液体ではまだ分子の間に少しだけすき間があって，分子はその位置や方向を容易に変えられるのだが，固体では温度がさらに低くなって分子の運動エネルギーが小さくなり，すき間もないほど密に詰まっていると考えられる．したがって，固体は固くて形が変わらない．液体と固体の境目ははっきりしていて，その運動エネルギーと分子間（あるいは原子間）の引力で決まる．たとえば，水は0℃という決まった温度で水から氷へと変化し，その中間はない．みぞれは液体の水と固体の氷の混合物である．

● 図9-1　NaClの結晶構造

たりとさまざまであるが，多くの場合，その結晶構造を反映したものになっている．

固体にはほかにもいろいろな種類があり，結晶のような空間的配置の規則性がないものを非晶質という．たとえば，ガラスの主成分は二酸化ケイ素（SiO_2）であるが，固体のガラスの中では，SiO_2 と Na_2O や MgO などの金属酸化物が位置や方向をばらばらにして無秩序に配置されている．割れたときの破片の形もやはりばらばらである．ほかにもプラスチック，セラミックスなど多くの非晶質の固体物質がある．詳しくは9.4節で説明する．

「9.4 非晶質」参照←

9.2 結晶の構造

金，銀，銅のような金属では，原子核が空間的に規則正しく並んでいる．その並び方にはいくつかの種類があるが，代表的なのは体心立方格子（bcc：body-centered cubic）と面心立方格子（fcc：face-centered cubic）である（図9-2）．両方とも基本的には立方体の頂点に原子を配置し，さらに，体心立方格子ではその立方体の中心に，面心立方格子では各面の中心にも原子を置く．原子を球だと考えると，この面心立方格子ではその球が可能な限り密に詰まった構造（最密充填構造）になっていて，一般的には固くて重い固体物質になる．それは金属の特徴でもあり，金（Au），銀（Ag），銅（Cu），アルミニウム（Al）などが面心立方格子の構造をとっている．

金属のもうひとつの特徴は電気をよく通すということである．金属の原子は数多くの電子をもっていて，その一部は1つの原子核に留まることなく，密に配置された原子核の間を自由に動き回ることができる（自由電子）．一の電荷をもつ電子が固体物質の中を自由に動けるので，金属の中は電気がよく流れる．

p.51，図4-4参照←

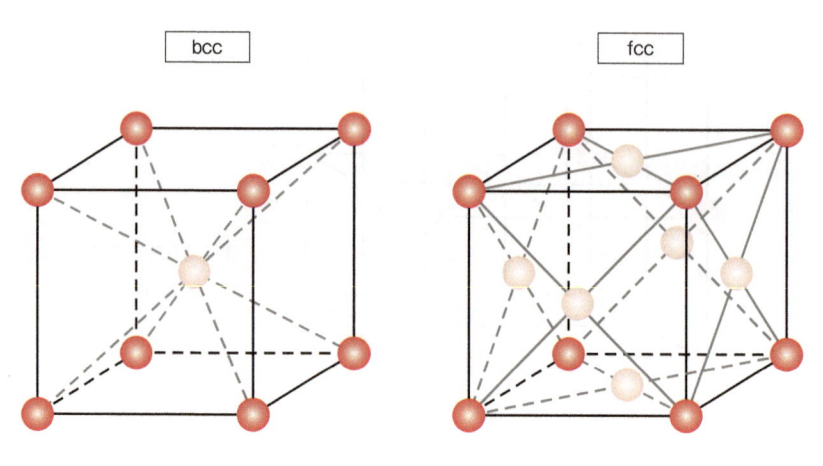

● 図9-2　体心立方格子（bcc）と面心立方格子（fcc）

結晶構造がわかると，そこから，その物質の形状だけではなく，重さや固さなども正確に理解することができる．その基本単位は**単位格子**とよばれ，**格子定数**によって数学的に決められる．

数学を使おう

単位格子と格子定数

単一の原子からなる結晶では原子核は規則正しく決まった位置に配置されている．その最小のくり返しの単位を単位格子とよぶ（**図9-3**）．単位格子を定義するのに6つの値を決める．それは，格子の3辺の長さ a, b, c と，辺の間の角 α, β, γ である．これら6つを格子定数といい，それぞれの結晶の構造はこれらの値で決まる．**図9-4**は面心立方格子の単位格子である．立方格子の基本単位は立方体なので，格子定数は $a=b=c, \alpha=\beta=\gamma=90°$ である．

面心立方格子の単位格子内にはいくつの原子があるのだろうか．単位格子の頂点に8個の原子があるが，その各々は周りの8つの単位格子に共有されているので実質 $\frac{1}{8}$ 個である．それが8個分で全体としては $8 \times \frac{1}{8} = 1$ 個と数える．加えて，側面の正方形の中心に原子があり，これは隣の単位格子と2つで共有されているので実質 $\frac{1}{2}$ 個，これが6面分6個あるので全体としては $6 \times \frac{1}{2} = 3$ 個と数える．これら2つの分を合わせて，面心立方格子には4個の原子が含まれていると考える．体心立方格子では，頂点にある原子が1個分と，立方体の中心の1個分，合わせて2個が単位格子に含まれる原子の数である．

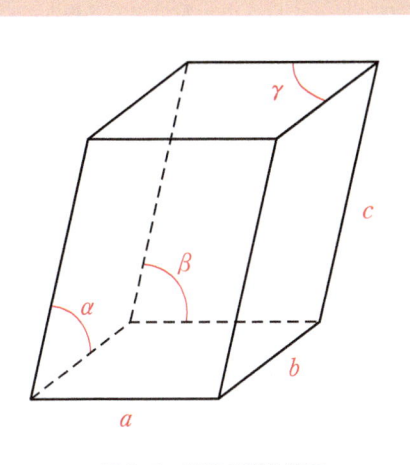

● 図9-3 結晶の単位格子

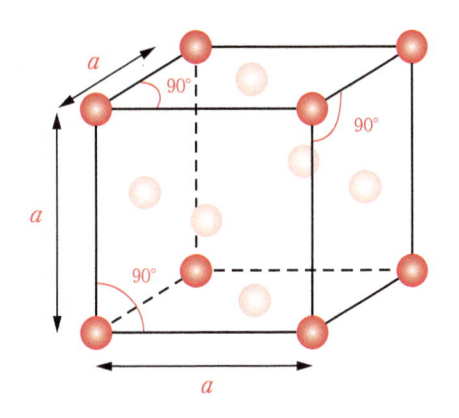

● 図9-4 面心立方格子の単位格子

9章 固体の性質

例題 9.1

結晶構造のデータからアルミニウムと鉄の比重を計算せよ．アルミニウムと鉄の結晶構造データは次のとおりである．

Al（原子量=27）：面心立方格子　　$a=0.41\,\text{nm}$
Fe（原子量=56）：体心立方格子　　$a=0.29\,\text{nm}$

解答

まずアルミニウムの比重を計算してみる．単位格子の体積は格子定数から

$$V_{\text{Al}} = a^3 = (0.41\times 10^{-9})^3 = 7\times 10^{-29}\,\text{m}^3$$

と計算できる．原子量というのはアボガドロ定数だけ原子が集まると何gになるかという量である．面心立方格子ではこの体積のAlには原子4個が含まれるので，その重さは

$$4 \times \frac{27}{6\times 10^{23}} = 1.8\times 10^{-22}\,\text{g}$$

になる．比重は$1\,\text{cm}^3$の体積のグラム単位の重さなので，単位格子の分の重さをその体積（cm^3に換算したもの）で割って求められ，

$$\frac{1.8\times 10^{-22}}{7\times 10^{-29}\times 10^6} = 2.6$$

と予測される．実測のアルミニウムの比重は2.7である．
次に同じようにして鉄の比重を計算してみる．単位格子の体積は

$$V_{\text{Fe}} = a^3 = (0.29\times 10^{-9})^3 = 2\times 10^{-29}\,\text{m}^3$$

である．体心立方格子ではこの体積のFeの重さは原子2個分で，

$$2 \times \frac{56}{6\times 10^{23}} = 1.8\times 10^{-22}\,\text{g}$$

になる．したがって，鉄の比重は，

$$\frac{1.8\times 10^{-22}}{2\times 10^{-29}\times 10^6} = 9.0$$

p.10「数値チェック（アボガドロ定数）」参照

p.95「数値チェック（体積の単位）」参照

と計算できる．実測の鉄の比重は 7.8 である．

鉄がアルミニウムより重いのは，重い原子核が小さい単位格子の中に詰まっているからである．Fe 原子は大きさが小さくおたがいに引き合う力も強いので，高い密度で詰まっていると考えられている．それに比べるとアルミニウム原子の詰まり方はさほど密ではなく，比重も小さくなる．曲げたり広げたりが容易にできるのは，原子核どうしが少し離れていることに由来している．

貴金属とレアアース *Column*

人類の歴史は石器時代に始まり，鉄器時代を迎えて文明が始まったといわれています．金属は人間が使う高いレベルの道具の材料として貴重なものであるといえるのだと思います．

最もよく知られているのが，メダルにも使われる金，銀，銅で，金と銀は価値が高いので貴金属とよばれ，財産のシンボルになっています．しかし，化学の立場で考えると，むしろデバイスの素材としての価値がいちばん大事で，たとえば金はメッキ，銀は写真，銅は電導コードなどに不可欠なものです．現代社会を支えているのは電気製品なので，銅の需要は増すばかりです．2010 年にペルーでの炭鉱落盤事故がありましたが，あそこでも実は銅を掘り出していました．高く売れるので生産を急いだため，安全への心配りが少しおろそかになっていたのかもしれません．それほど金属は貴重です．

最近注目されているのがレアアースメタルです．s 軌道に 2 個電子をもっている元素のことを地球では希（まれ）で貴重であるということで希土類とよんでいたのですが，最近ではレアアースとよばれています．これには，原子番号が 57 から 71 までの元素と Sc, Y が含まれ，どれも最近のテクノロジーを支える貴重な金属物質です．残念ながら国内では産出できず，現在そのほとんどを中国から輸入しているのですが，ニーズが多いのでこれから価格が急騰する恐れがあります．特に，強い磁場を発生させるためのネオジム（Nd）やサマリウム（Sm）は電子機器のモーターやこれから建設するリニアーモーターカーに必要不可欠ですし，医療ではレーザーメスに使われるホルミウム（Ho），さらにはディスプレイの赤色発光体であるユウロピウム（Eu）など，あまり知られていないのですが，私たちにはとても貴重なものが多いのです．まさにレアアース元素です．

		族																
		1	2	3	4	5	6	7	8	9	10	11	12	13	14	15	16	17	18
周期	1	H																	He
	2	Li	Be											B	C	N	O	F	Ne
	3	Na	Mg											Al	Si	P	S	Cl	Ar
	4	K	Ca	Sc	Ti	V	Cr	Mn	Fe	Co	Ni	Cu	Zn	Ga	Ge	As	Se	Br	Kr
	5	Rb	Sr	Y	Zr	Nb	Mo	Tc	Ru	Rh	Pd	Ag	Cd	In	Sn	Sb	Te	I	Xe
	6	Cs	Ba	*1	Hf	Ta	W	Re	Os	Ir	Pt	Au	Hg	Tl	Pb	Bi	Po	At	Rn
	7	Fr	Ra	*2	Rf	Db	Sg	Bh	Hs	Mt	Ds	Rg	Cn						

*1	ランタノイド	La	Ce	Pr	Nd	Pm	Sm	Eu	Gd	Tb	Dy	Ho	Er	Tm	Yb	Lu
*2	アクチノイド	Ac	Th	Pa	U	Np	Pu	Am	Cm	Bk	Cf	Es	Fm	Md	No	Lr

9.3 分子性結晶

分子からなる物質は，液体や気体からゆっくり冷却してやると各々の分子が規則的に並んで結晶になる．これを**分子性結晶**という．図 9-5 はベンゼンが 2 つ連結した分子であるナフタレンの結晶構造を示したものである．結晶自体は薄い板状になるのだが，単位格子を見ると平面のナフタレン分子が直角に組み合うように並んでいる．図 9-6 は，二酸化炭素（CO_2）の結晶構造であるが，棒状の CO_2 分子がいくつかの方向に揃って並んでいる．ドライアイスは CO_2 の固体であるが，細かい結晶がたくさん集まったもので白くて不透明で輝きもない．氷の結晶もいくつか構造が異なるものが知られているが，普通にできる氷は完全には結晶にはなっていない．最近では，技術が進歩し，非常に大きい生体分子やタンパク質の結晶構造も明らかにされるようになってきた．

> **考え方のヒント**
> **金属と分子性結晶**
> 金属の結晶で見られる原子間の強い引力に比べると分子の間の引力は小さく，したがって分子性結晶の密度は比較的小さい（軽い）．また，分子の並べ方にはいくつかの種類があって，すべての分子が等価な位置に配置されているわけではない．たとえば，二酸化炭素の結晶には 4 つの並び方がある．

> **考え方のヒント**
> **大きな結晶のつくり方**
> 結晶では原子や分子がすべて規則正しく並ばなければならないが，実際には不完全さが残って欠陥ができる．温度が低くなると原子や分子のエネルギーが小さくなって決まった安定点にきちんと配置されるように思われるが，急に温度が下がると結晶の成長が速くなり，多くの小さな結晶が同時にできたり，原子や分子の配置が間に合わなくなって不規則の度合いが増す．大きくて均一な結晶（単結晶）をつくるには，その物質の飽和溶液の中にタネ結晶をつるし，ゆっくりと温度を下げていく．場合によっては何ヵ月もかかるときもある．

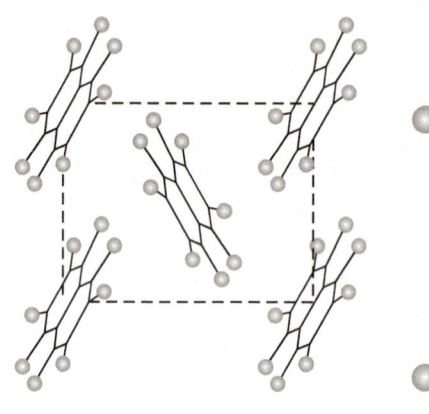

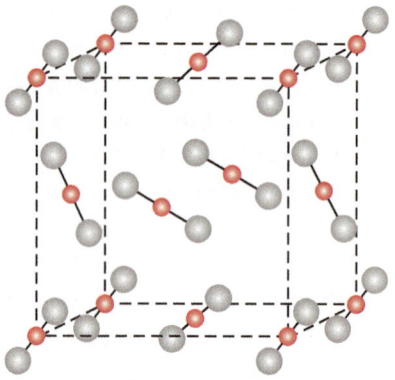

● 図 9-5　ナフタレンの結晶構造

● 図 9-6　CO_2 の結晶構造

9.4 非晶質

多くの固体物質では，分子が結晶のように規則正しく並んでおらず，無秩序に配置されたまま固まったような構造をもっている．これを**非晶質**という．よく知られているのは，ガラス，プラスチック，セラミックスなどである．

(a) ガラス

ガラスは，光を透過し成形が容易なので，窓材や光学部品としてとても重要なものである．骨格をなす主成分は二酸化ケイ素（SiO_2）で，これに金属酸化物や他の無機物質を混合して加熱溶解し，型に入れて冷却すると用途に

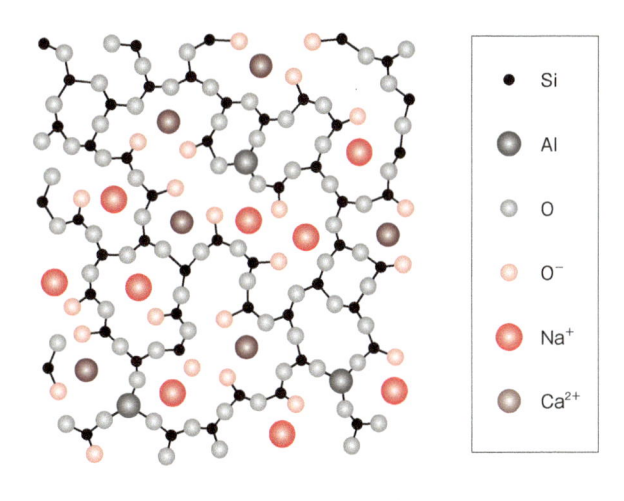

● 図 9-7　ガラスの構造

応じた形になって固まり，ガラス固体になる．図 9-7 は典型的なガラスの構造を示したものである．基本的に SiO_2 や無機原子イオンは空間的に無秩序に配置されていて，そのため外部からの力には弱く割れやすい．また，融解温度は 600〜800 ℃ とさほど高くなく，炎で加熱して軟化したところでいろいろな手法で成形する．黒曜石は天然のガラスであり，古くから装飾品などに珍重された．今では高い強度をもつ多くの特殊ガラスが開発され，ビルの外壁やウィンドウなどに広く用いられている．

(b) プラスチック

炭化水素を中心とした大きな有機分子が非晶質の固体になったものを総称して**プラスチック**（樹脂）とよんでいる．熱処理によって成形しやすく，ガラスに比べて割れにくいので，日用品や容器，車や機械の部品など広い用途に使われている．金属や次に説明するセラミックスに比べると強度や硬度は高くないが，それでも通常の用途には充分であるし，軽くて電気伝導もないので身近なところで広く使われている．加熱したときに柔らかくなる**熱可塑性樹脂**と，逆に加熱すると固まる**熱硬化性樹脂**の 2 つに分類される．

熱可塑性のものにはポリエチレンやポリプロピレン，塩化ビニルなどがあるが，まずはその分子構造を見てみよう．図 9-8 はエチレン分子が反応して鎖のようにつながったポリエチレンの構造を示したものである．エチレン分子（$H_2C=CH_2$）には二重結合があるが，その π 結合は容易に切ることができ，それでできた不対電子どうしが新たに σ 結合をつくって分子が連結し，鎖のように長くつながる．これによって σ 結合だけの長い炭化水素（$H_3C{+}CH_2{+}_n$ で表され，これをアルキル基という）ができる．このような反応を**重合反応**といい，重合してできた分子を**ポリマー**という（「ポリ」は「多くの」とい

考え方のヒント

なぜ非晶質ができるのか

ガラスの主成分は SiO_2 であるが，この分子は形を変えやすく，結合の角度が変わってもエネルギーの変化が小さい．そのため化学結合がいろいろな方向を向いたまま無秩序に凍結されてしまう．プラスチックでも同じで，特に鎖状につながった炭化水素は曲がりやすく，いろいろな形状のまま固体になる．セラミックスには結晶のものも多いが，陶器やガイシなどは成分も焼き具合もまちまちで，見てわかるとおりの無秩序な非晶質である．

考え方のヒント

有機物質と無機物質

炭化水素やそこに O 原子や N 原子を置換させた物質は主に生物や植物で使われていて，有機（organic）物質とよばれる．今では多くの有機物質が人工的に合成されており，プラスチックやバイオマスなども有機物質である．これに対し，金属やセラミックスなど炭素や水素以外の元素が主成分のものを，無機（inorganic）物質といい，有機物質より耐久性などに優れているので最新の電子デバイスなどに使われている．

9章 固体の性質

考え方のヒント

アルキル基
一重結合でできた鎖状炭化水素のHがとれたものをアルキル基という．鎖状なので動きやすい．例を挙げる．

メチル基　エチル基

プロピル基

● 図 9-8　ポリエチレンの構造

う意味である）．ポリエチレンは，$\mathrm{+H_2C-CH_2+}_n$という鎖状の構造の分子であるが，これは sp³ 混成の正四面体配置のC原子がつながっているので，ところどころに側鎖ができるし，簡単に折れ曲がったり動いたりする．したがって，最終的には多くの鎖が絡み合って変形しやすい固体物質をつくり，

環境と化学

ガラス瓶かペットボトルか徳利か

結晶の多くはすぐれた特性をもっていてとても貴重ですが，逆にある方向にはもろかったり割れやすかったりして，普通の物品としては使いづらいところもあります．そこで入り組んだ形の物体をつくるときには非晶質を多く使います．ちょっとドリンクボトルについて考えてみましょう．ガラスかプラスチックかセラミックスか，用途に応じて最適の材質を選択するのが化学の課題です．あなたはどれがいちばんよいと思いますか．

今最も多く使われているのはプラスチックのペットボトルです．しかし，みなさんご存じのようにペットボトルは石油を原料としていますし，炭酸ガスの排出やゴミ処理などの問題で環境破壊の原因にもなっています．化学というのは物質の性質ばかりでなく，環境や社会のことまで考えて結論を出さなくてはなりません．ガラス瓶は，使った後に回収して洗浄し，詰め直せば何回も使うことができます．現実に以前は最もよく使われていたのですが，重いことと割れやすいことが難点でした．これを克服したのがプラスチックのペットボトルで，ガラス瓶に代わって急速に普及しました．しかし，その材料のPETは熱硬化型樹脂で，残念ながら簡単に成形し直して再利用することができません．もちろん原材料の石油の消費量を少なくするためにも再利用した

いのですが，今のところほとんど捨てられているのが現状です．軽くて安価なので気軽に捨てられやすく，とにかく環境保全の立場からはよい物質だとは思えません．便利さと環境保全を両立させるのが真の基礎化学ですが，実際にはなかなか難しいところがあります．さて，ガラスが普及したのは20世紀に入ってからなのですが，それまではセラミックスである陶磁器を使っていました．日本では徳利です．陶磁器は成形と焼結に手間暇がかかって大量生産はできないのですが，その分みんなたいせつに使っていましたし，何よりも1個1個の形や色合いに味わいがあって，私はいいなと思っています．しかし，実際のところは毎日ペットボトルを買っていて，まだまだ化学者としては未熟なようです．

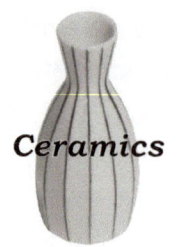

Glass　*Plastic*　*Ceramics*

一次元的にこれが伸びると繊維になるし，二次元的に広がると柔軟性の高い膜になる．ゴミ袋として使われているポリエチレンはこのような構造をしているので，引っ張って伸ばすことができ，比較的破れにくい．三次元に成形すると容器や梱包材として使うことができるが，さらに高い強度が必要な場合には，同じ熱可塑性樹脂のフェノール樹脂やメラミン樹脂を使う．フェノール，メラミンは六員環のベンゼンに他の原子を置換した分子（図9-9）で，ポリエチレンのC原子のところをこれらの分子で置き換えるとアルキル基の鎖が動きにくくなってプラスチックが固くなると考えられる．たとえば，CDなどの透明部品の材料に用いられているポリカーボネートは図9-10のような構造をしている．データが破損によって失われないように強度と硬度が必要でかつ透明でなければならない．CDには適した材料である．さらに，最近開発された熱硬化型樹脂であるPET（ポリエチレンテレフタラート：図9-11）は，熱や力に非常に強く，ペットボトルの材料として多量に使われている．

考え方のヒント

六員環分子
ベンゼンは6つのC原子を環のように結合したもので，これを六員環分子という（p.70, 図5-14参照）．鎖型のアルキル基と少し性質が異なり，環になっているため分子が動きにくくなっている．そのため，ベンゼンやその置換体であるフェノールやメラミンがついた分子のプラスチックは固い．

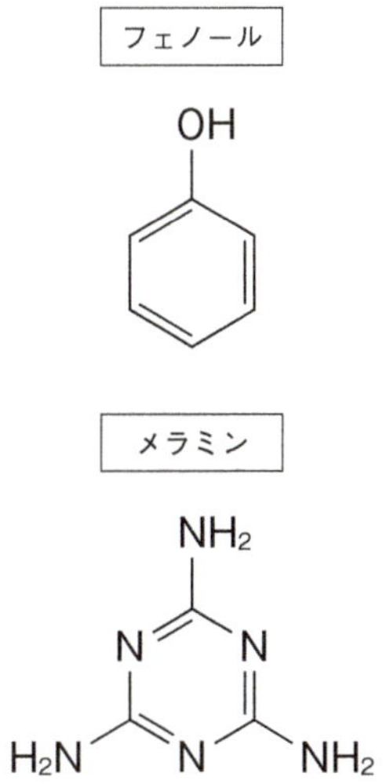

● 図9-9 フェノールとメラミン

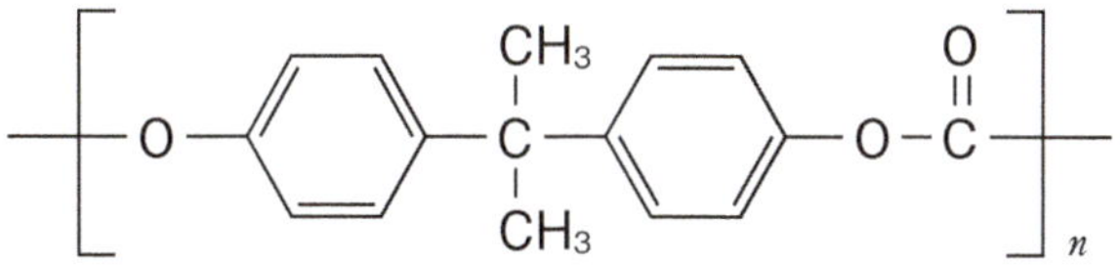

● 図9-10 ポリカーボネート

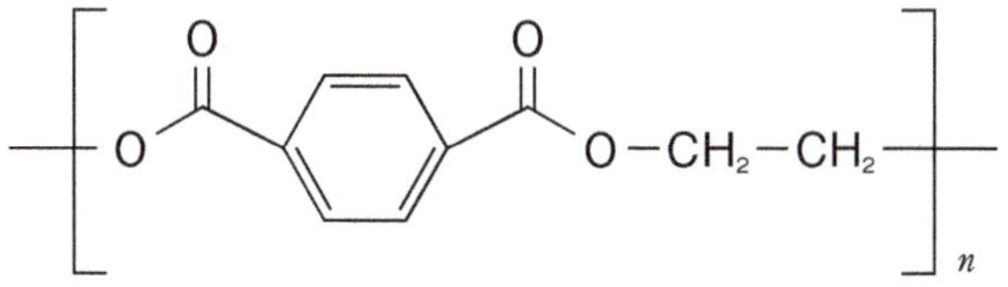

● 図9-11 ポリエチレンテレフタラート（PET）

(c) セラミックス

もともとは陶磁器から派生して，炭素，ケイ素，窒素の酸化物を高温処理（焼結）したものを指していたのだが，今では飛躍的に開発が進んだ半導体や断熱材も含めて，広く無機材料のことを総称して**セラミックス**とよんでいる．共通の性質としては固くて強く，断熱，絶縁性が高い．また，巧みな手法を用いていろいろな形に成形できるので，特殊な機器の部品材料としても活用されている．

注目されるのは，ファインセラミックスとよばれる，特徴のある性質をもったもので，たとえば，誘電性をもっていてコンデンサーやヒーターに用いられているチタン酸バリウム，$Bi_2Sr_2Ca_2Cu_3O_{10}$，$YBa_2Cu_3O_7$などの高温超伝導セラミックス，耐火性の炭化ケイ素（SiC），研磨剤の窒化ケイ素（SiN）などがある．さらに，同じ種類の元素からできた化合物でも混合の比率が少し違うだけで性質が大きく異なるものもあり，さまざまな組成の物質が活用されている．

9.5　固体の物性

固体物質には形や固さなどのほかに，電気，磁気，光学的な性質があり，これらをまとめて**物性**とよんでいる．固体物質の主なものとして金属，ガラス，プラスチック，セラミックスなどを見てきたが，ここでその物性についてまとめてみよう．

(a) 電気伝導

金属はすべて**電気伝導性**が高い．そこで，電線などの電気をよく通さなければならないところには，鉄，銅などの金属を用いる．逆にプラスチックのほとんどは電気を通さないので，絶縁したいところの部品や導線やケーブル線の被覆には塩化ビニルなどの柔軟性プラスチックを用いる．多彩な電気伝導をもつのがセラミックスで，イオン性の無機元素を含むと微妙に電気が流れたり，外部の電圧で電流の大きさが変わったりという性質をもつものもあり，これらを**半導体**（semiconductor）とよんでいる．電気をまったく通さないセラミックスには陶器や碍子などがあり，絶縁材として使われている．

(b) 磁性

固体物質には磁気を帯びて磁石にくっつくものがあり，このような磁力に対する性質を**磁性**という．金属のなかには大きな磁力をもつ強磁性のものがあり，その代表が鉄（Fe）である．鉄を適当な条件で熱と磁場によって処理すると磁力がそのまま保持されるようになる．これを永久磁石といい，磁気テープや記憶ディスクとして用いられている．その多くは鉄の特殊な酸化物である．逆にまったく磁性をもたない金属もあり，たとえば金やアルミニウムなどの金属はかなり強い磁石でもくっつけることができない．プラスチックは全般にまったく磁性をもたないと考えてよい．それに比べると，セラミックスでは微妙に磁性をもつものも開発されていて，記憶デバイスや制御素子などに使われている．

考え方のヒント

鉄の磁性

p.24の2.2節で説明したように，電子はスピンをもっていて小さな磁石と考えられるので，すべての物質は磁性をもつ可能性がある．しかし，実際には電子スピンが打ち消す作用がはたらいて，ほとんどの物質は磁性を示さない．その例外が鉄（Fe）である．鉄を磁石に近づけたり，鉄の周りに電線を巻いて一定の方向に電流を流すと，電子スピンがほとんどすべて同じ方向に揃って大きな磁力が出る．このような強い磁性はネオジム（Nd）などのレアアースでも見つかっている．

(c) 光学的性質

これからの化学の重要課題のひとつは，光をもっと活用するような新しい物質を開発することである．照明，通信，レーザー，エネルギーなどをもっと巧みに使うためには特殊な光学的性質をもった素材をつくり出さなければならない．

最も注目されるのは小型のレーザーで，今ではディスクからのデータの読み出し，レジのバーコードの読み取りなどに欠かせない．発光素材としては，かつては透明で固くて耐久性の高いガラスや結晶が主に用いられていたが，最近はすぐれた性能をもつ半導体（ダイオード）が数多く開発され，レーザー素材の主流になっている．

電気を流すと光を発する半導体は **LED**（Light Emitting Diode）とよばれ，フィラメントを加熱して発光させる電球よりも電気から光への変換効率がはるかに高いので，新世代の照明器具として徐々に普及しつつある．

ほかにも，何らかの条件の変化で色や透明度が変わったりする特殊ガラスやプラスチックも開発され，光技術は飛躍的に進歩している．**有機EL**（Electro-Luminescence）は，電気を流すとイオンと電子が生成し，それをうまく使って特定の色の発光が得られる有機化合物である．これまではコンピューターや携帯電話のディスプレイには次で説明する液晶が使われていたのだが，これからはこの有機ELが使われることが多くなるだろう．

9.6　液 晶

テレビなどの映像表示機器で液晶というのがよく使われている．これは，液体と固体の中間的な性質をもっており，電気によって光の吸収をコントロールできる．**図9-12**はよく使われている液晶分子を表したものであり，このように，分子にはアルキル基などを含んだ長い鎖が付いていて，液体の状態でも固体のようにある程度平行に並んでいる．ただし，結晶のようにしっ

もっと光を　　　　　　　　　　　　　　　　　　　　　　　Column

20世紀は電子の時代といわれ，半導体であるトランジスタや集積回路が科学技術での中心的な役割を果たし，コンピューターやハイテク電子機器が開発された．しかし，電子を使っているとやはり限界があった．たとえばデータを記憶したり送ったりするのに時間がかかるし，大きなデバイスを使わなければいけない．これらの問題を解決したのが光である．応答が速いし，少ないエネルギーで多量のデータを送ることができる．21世紀は光の時代であろう．その技術はレーザーや光ファイバー，光学素子に支えられており，最新の化学が応用されている．

9章 固体の性質

● 図 9-12　代表的な液晶分子

かり固定されていないのでその方向で回転することができる．これを利用したのが液晶ディスプレイで，そのしくみを図 9-13 に示してある．

　液晶分子のなかには外から電圧をかけると分子が電場の方向に揃うものがある．光は電磁波であり，電場と磁場が高い周波数で振動しているが，その振動している方向が揃っている光を**偏光**という．偏光はプラスチックの偏光板で簡単につくり出すことができる．分子による光の吸収は，分子が光の方向に対して特定の向きにあるときだけ起こる．偏光を液晶分子に入射すると，

環境と化学

電球と蛍光灯と LED

近代社会は夜も休まず活動するので，照明は非常に重要です．昔はろうそくや油に灯をともしていたのですが，エジソンが電球を発明してから，これが世界中で使われるようになりました．彼は日本の竹を細く削って加工し，その両端を電極につないで真空ガラス管の中で電流を流しました．これをフィラメントといい，電熱ヒータと同じで高温になって光を発します．高温の物質が光を発するのを熱輻射といいます．今では高温に強いタングステン（W）がフィラメントの素材として使われており，1000 ℃以上の温度になってわれわれの周りを明るく照らしてくれています．しかし，電球は熱輻射を利用しているので，電気はほとんど発熱に使われ，エネルギー効率はよくありません．それにある程度使うとフィラメントが切れてしまうので取り換えなければならず，その度にガラスや金属の資源を廃棄することになります．

　次に現れたのが蛍光灯で，これはガラス管の中に水銀（Hg）を封入して放電します．そこでできるエネルギーの高い Hg 原子が発光するのですが，その光はほとんどが紫外線です．そこでガラス管の内側に蛍光物質を塗り，それが紫外線を吸収して可視光を出すようにしてあります．これでエネルギー効率も上がり，また寿命も長くなって環境には優しく

なったのですが，やはり数年使用すると取り換えが必要で，そのときガラスや金属とともに有害な水銀を廃棄しなければなりません．

　そしてここ数年，新世代の照明として LED（発光ダイオード）が普及し始めています．これはトランジスタを流れる電子が光を出すのを効率よく取り出したもので，電気エネルギーから光への変換効率が非常に高くなっています．それに耐久性も高く，トラブルがなければほとんど半永久的に使えるといわれています．実は，最初は赤や緑などの色のものしかなかったのですが，1993 年に中村修二博士が窒化ガリウム（GaN）を加工して青色 LED を開発して以来，すべての色や白色の LED ができるようになって急速に発展しました．まだ価格が高いのであまり広がっていませんが，みなさんに少しずつ投資してもらって，将来も美しい地球を照らし続けたいと思います．

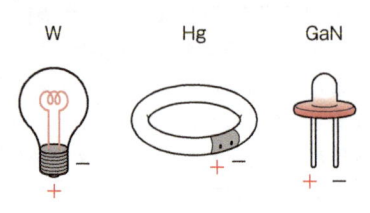

W　　　Hg　　　GaN

118

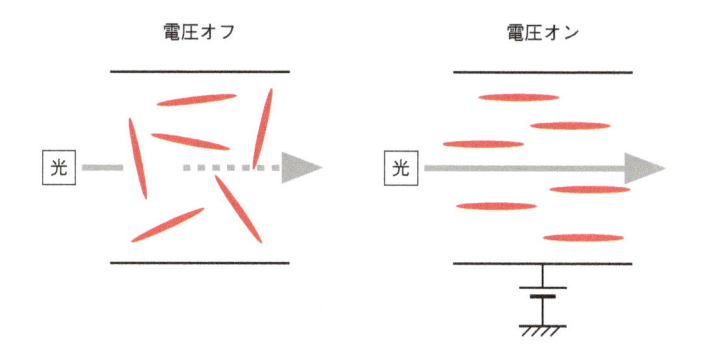

電圧オフ　　　　　　　電圧オン

●図9-13　電圧による液晶分子の配向と光の吸収
分子が吸収する光は特定方向の偏光である．液晶分子の方向がばらばらだとそのうちのどれかが光を吸収する．しかし，電圧で分子の方向を揃えてやると光を吸収する向きにある分子がなくなり，光を透過する．

考え方のヒント
偏光
光は電磁波であり，電場と磁場の大きさが振動しながら空間を進む．通常の光はその振動方向がばらばらだが，特別なフィルムを通すとある特定方向に電場が振動している光だけを取り出せる．これを偏光という．偏光は方向によって色や強さをコントロールできる．

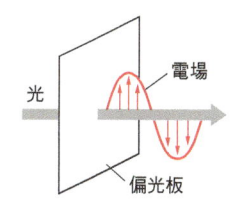

通常の方向の揃っていないときにはどれかの分子が光を吸収するが，外部電圧をかけることによって液晶分子が光を吸収しない特定の方向に揃うように

電気伝導性プラスチック　　　　Column

　日本で最初にノーベル化学賞を受賞したのは，1981年，京都大学工学部教授だった福井謙一博士でした．福井博士は「フロンティア電子理論」を提案，実証し，化学反応が分子軌道とその対称性に強く依存することを示しました．これに続いたのが，2000年，筑波大学理工学部教授だった白川英樹博士の「導電性プラスチック膜の合成」でした．

　図9-14はプラスチックのひとつであるポリアセチレンの構造を示したものです．

　アセチレン分子（HC≡CH）は2つのC原子が三重結合したものであり，そのうちのひとつのπ結合を切断すると2つの不対電子ができます．重合反応でそれらをたくさん連結するとそのポリマーであるポリアセチレンができます．ポリエチレンとは違ってまだπ結合が残っているので，同じプラスチックでも少し固く，π電子を通して電気が流れる可能性が考えられました．そこで実際につくってみたのですが，残念ながら電気伝導性はほとんどありませんでした．そこで，試しにこれに臭素（Br）を少し混ぜてつくってみたのです．すると驚くべきことに，金属とほとんど同じくらいの高い電気伝導性が発見されました．こうして電気が流れるプラスチックが生み出され，その功績が認められてノーベル化学賞の受賞になりました．さらに白川博士は，この臭素が混入したポリアセチレンの薄い膜をつくるのに成功したのです．実はこれはとても難しくてなかなかできなかったのですが，あるとき反応液の表面に黒っぽい膜状の物ができ，不思議に思って実験ノートを見てみると，触媒の量を1000倍もまちがっていました．しかし，その膜をよく調べてみると，臭素を含むポリアセチレンであることがわかり，こうして伝導性高分子膜が生まれたのです．コンピューター機器のタッチパネル，テレビの画面やディスプレーの保護膜に使われています．

　化学の成功にはすばらしいアイデアと少しの幸運が必要なのだなと思います．

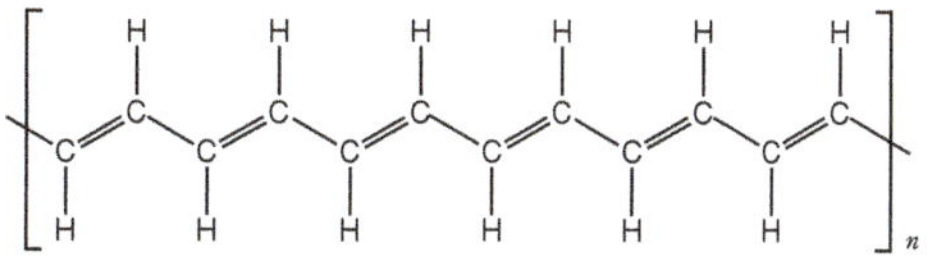

●図9-14　ポリアセチレンの構造

なる．この性質を利用すると，電圧をかけたりゼロにしたりすることによって色が変わる素子ができる．液晶ディスプレイには非常に小さい液晶分子のピクセルが並べられていて，1個1個のピクセルにかける電圧をコンピューターで制御して画像を表示している．結晶のように分子がしっかり固定されていると，その方向を変えるのはなかなか難しいが，液体と結晶の中間のような性質をもつ液晶でこそ可能な特殊機能の例であろう．

9章のポイントと練習問題

□ 固体物質の物性

固体物質は，原子が密に並んでいるため，固くて形状が変わらない．また，物質の種類によって，電気伝導や磁性や光学的性質などといった物性が異なる．

□ 結晶の構造

図 9-2 参照←

原子が規則正しく配列した構造をもつ固体を結晶という．代表的な構造は，体心立方格子と面心立方格子である．その基本単位を，単位格子といい，格子定数によって数学的に決められる．分子が規則的に並んで結晶になったものを分子性結晶という．

□ 非晶質

図 9-7 参照←

分子が結晶にならず無秩序に配置されたまま固まったものを非晶質という．ガラス，プラスチック，セラミックスなどがよく知られている．

□ 液晶

図 9-13 参照←

液晶は，液体と固体の中間的な性質をもち，分子がしっかり固定されていなくて向きを変えることができるため，電気によって光の吸収をコントロールできる．

例題 9.1 を参考に計算しよう．←

問題 9-1 金（Au；原子量 197）の結晶は面心立方格子で，その格子定数は，$a=0.408$ nm である．金 1cm^3 の重さを予測せよ．

ヒーター線の断面積を比べよう．←

問題 9-2 電熱ヒーターの発熱量は，電力＝電圧×電流で決まる．同じ電圧をかけたとき，ヒーター線に流れる電流はその断面積に比例する．直径 0.5 mm と直径 1.0 mm のヒーター線では，同じ電圧ではどちらの発熱量がどれくらい大きいか．

鉄板が 1 mm 厚くなるごとに磁場は半分になる．←

問題 9-3 磁場の力は鉄板で弱めることができるが，鉄板の厚さ x とともに指数関数的（10^{-ax}）に磁場は小さくなる．今，1 mm の厚さの鉄板で磁場が半分に弱まるとすると，これを 1000 分の 1 以下にするには，どれくらいの厚さの鉄板が必要かを求めよ．

Ⅳ部
物質はどのように変化するのだろう

植物は太陽の光を使って水と二酸化炭素をブドウ糖に変えている

　物質それぞれの特性をうまく利用するためには，その用途に応じて最適な状態をつくり出すことが大事で，あるときはそれを保ち，あるときはそれを巧みに変化させなければならない．第Ⅳ部ではまず，気体，液体，固体の間の変化を考え，そのメカニズムを分子の集団のふるまいとして理解する．このような取り扱いは統計力学とよばれていて，状態の変化を説明するのに不可欠な考え方である．ある物質を一定の条件に保ち続けると，系の自発的な変化は「乱雑さ」が増す方向へと進む．この乱雑さを表すのがエントロピーであり，その概念を数式によって考えてみる．

　分子をつくっている化学結合自体が変化するのが化学反応であるが，そこでも分子が集団としてどのような状態をとっているのかがキーポイントになる．最も重要な化学現象のひとつである平衡も，平衡定数を考慮して反応の速さを変化させることによって自在にコントロールできる．

10章 状態変化

物質は，気体，液体，固体のいずれかの状態をとっているが，温度が変わると，ある状態から他の状態へ自発的に変化する．これを構造相転移という．分子どうしが引きつけ合う力と，温度によって変わる運動エネルギーの兼ね合いを考えながら，そのメカニズムを見てみよう．さらに，物質の自発的な変化は乱雑さが増して空間的には均一になる方向へ進むのだが，乱雑さを表すエントロピーという値を導入してその変化の過程を考える．そこでは，物質がある状態をとる確率を計算することが基本となる．

10.1 三態の間の変化

　固体の物質は，温度を上げていくとあるところで解けて液体になる．これを**融解**という．さらに温度を上げていくと気体になるのだが，これは**気化**あるいは**蒸発**とよばれている．また，物質の種類や圧力によっては固体から直接気体になることもあり，これを**昇華**という．

　逆に気体の温度を下げていくと凝縮体へと変化していくが，気体から直接固体になるのもやはり**昇華**とよんでいる．しかし，通常の1気圧くらいの圧力では，気体物質は冷却すると液体に変わる．これを**凝結**または**液化**という．さらに液体を冷却していくと固体になるが，その変化は**凝固**または**固化**という．これらをまとめたのが**図 10-1**であり，このような物質の三態の間の

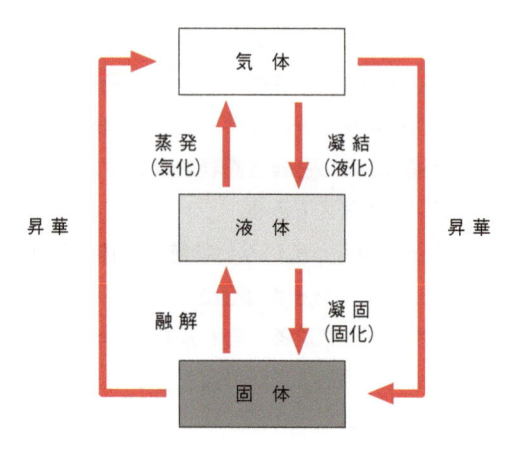

● 図 10-1　構造相転移

変化は**構造相転移**とよばれている.

　これらの構造相転移はどのようなしくみで起きるのだろうか．基本的には，分子どうしが引きつけ合う力と，分子の熱エネルギー（運動エネルギー）によっておたがいに離れて自由に動こうとする力と，どちらがより強いかによってどの状態をとるかが決まる．運動エネルギーの大きさは1個1個の分子によって異なるが，その平均のエネルギーは絶対温度に正比例するので，温度が高くなるにつれて分子が動いて離れていこうとする力は大きくなる．したがって，構造相転移は必ずある特定の温度で起こる．たとえば水を考えると，固体の氷が融解する温度（**融点**）は0℃であり，これを境にがっちり引きつけ合っていた水分子が比較的自由に動けるようになり，液体の水へと変わる．これを加熱していって1気圧で100℃になると，さらに分子の運動エネルギーが大きくなって，分子はばらばらに離れていく．この温度を**沸点**（または**沸騰点**）という．

> **考え方のヒント**
> **相転移温度**
> 固体が融解して液体になるのは，分子の運動エネルギーが大きくなって，分子どうしが引きつけ合う力に勝るからであり，その変化が起こる温度（融点）は物質によって決まっている．液体が気体になるときも同じだが，発生する気体が外へ出ていくには大気圧に勝らなければならないので，その変化が起こる温度（沸点）は大気圧が一定であればやはり物質によって決まっている．

10.2　融解と沸騰と昇華

　固体の物質が解けて液体になる温度が融点であるが，その温度は圧力などにあまり関係なく一定である．融解とは，冷却されて固められた分子が，温度の上昇とともに運動エネルギーが大きくなって自由に動けるようになる変化である．したがって，分子どうしの引きつけ合う力で融点がほぼ決まる．液体から冷却して凝固する温度（**凝固点**）は，ほとんどの物質で融点と一致する．

　表10-1に，いろいろな物質の融点と融解熱，沸点と蒸発熱を示してある．分子のサイズが大きくなると，その電気的な偏りも大きくなって引きつけ合う力も強く，また大きな重い分子は相対的に動きにくいので，融点は分子量とともに高くなる．小さい分子でも，水のように分子どうしが引きつけ合う力が強いと融点は高い．

　固体が融解するのには，分子を自由に動かせるだけのエネルギーが必要である．これを**融解熱**といい，1モルの純物質を解かすのに必要な熱量の値で表す．その値の大きさには固体の構造とか分子間の相互作用とかいろいろな原因があって，これを一般的に説明するのは難しい．固体物質を解かすために加熱するときには，その一部が解け始めると融解熱が使われて温度が下がってしまうので，しばらく融点の温度で一定のまま時間をかけて解けていき，全体が一気に解けることはない．

　次に，液体物質の沸騰を見てみよう．液体が蒸発するには，分子どうしが引きつけ合っているのを引き離して気体にするエネルギーが必要である．これを**蒸発熱**（**気化熱**）といい，1モルの純液体を蒸発するのに必要な熱量の

10章 状態変化

考え方のヒント

蒸発と沸騰

水は100℃より低い温度でも蒸発し，液体の表面から水蒸気が外へ出ていく．しかし，運動エネルギーが，液体の中にも働く大気の圧力より小さいので，水の中で蒸発することはない．しかし，100℃になると，運動エネルギーが大気圧に勝るようになり，液体の中でも蒸発して気泡となる．これが沸騰である．

値で表す．液体での強い分子間力に勝ってこれを引き離すには比較的大きなエネルギーが必要なので，蒸発熱は融解熱に比べると大きい値になっている．暑いときに皮膚に水をつけると冷たくて気もちよく感じるのは，水が蒸発するときに蒸発熱を使い，皮膚から熱を奪い去るからである．

沸騰というのは，液体の表面だけでなく内部からも蒸発が起こる現象である．液体物質が沸騰するときには，液体の中から分子が出て行こうとする力が，大気の圧力とつり合うまでになっている．したがって，その圧力が高くなるほど沸点も高くなる．通常は，1気圧のときの沸点を用いるが，その値は分子どうしの引きつけ合う力で決まっていて，分子のサイズが大きいか，小さい分子でも水のように引きつける力が強いと，沸点は高い．

環境と化学

氷は水に浮く

構造

相転移は物質をつくり出したり混合物を分離したりするのに利用され，化学にとっては最もたいせつなプロセスのひとつです．液体の凝固について，おもしろくかつ重要なことがあります．それは液体の水が凝固して氷になると浮くということです．一見あたりまえの現象ですが，実はこれはとても不思議なことなのです．

固体というのは分子が強く引きつけ合って固まっているので密度が高く，液体には分子が動けるすき間があるので，それより少し密度が小さくなります．したがって，多くの物質では温度を下げていくと液体の一部が冷たくなり，密度が小さくなって下の方へ沈みます．そこで凝固して固体になるとさらに密度は小さくなるので底で沈んだままになります．ところが，水は氷になると8％も体積が増加し，密度が小さくなって浮かぶのです．水は水素結合のネットワークをつくっているので，固体になるとその結合に対する立体的な制限があって，液体のときよりも嵩高になってしまうからだと考えられています．

もっと不思議なことに，液体の水も0℃から温度を上げていくと体積が小さくなり，4℃で最も密度が高くなります．これも水だけに特有の性質で，水素結合の複雑な構造によるものだと考えられていますが，詳しいことはわかっていません．冬になると水たまりの表面だけが凍って氷が張っていることがあります．水は冷却されると密度が高くなって下へ沈みます．ところが，4℃より温度が低くなると逆に密度が低下して上の方へ上がり，表面の温度が最も低い状態になります．やがて，0℃より低くなると表面に氷ができ始め，密度はさらに小さくなるので浮かんだまま一面に氷が張るというわけです．湖や海が冬に凍るのも同じです．もし氷が水に浮かばなかったらどうだったでしょうね．大きな氷の浮き沈みで頻繁に津波が起こるかもしれません．海底が凍ったらそこで生きている植物や動物には厳しく，美しい海を保つのも難しくなります．氷の上で暮らしているシロクマやアザラシもたいへんです．

それともうひとつたいせつなことは，水の融解熱が他の物質に比べて大きいということです．これは，冬になって水が凍るときも春になって氷が解けるときも，温度の変化を緩やかにするバッファー（緩衝体）になっていると考えられます．地球の温度が急激に変わるのを防いでくれているようです．こうしてみると，水という物質は地球や環境のために生まれたようなものである，そんな気がしてなりません．とても神秘的な二等辺三角形の分子です．

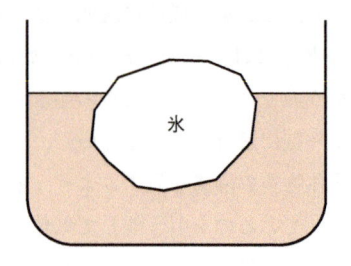

ドライアイスは二酸化炭素（CO_2）の固体である．これを1気圧の下で加熱しても液体になることはなく，直接気体の CO_2 になってドライアイスはそのままなくなってしまう．これを**昇華**という．昇華にもやはりエネルギーが必要で，1モルの固体物質を昇華させるのに必要な熱量を**昇華熱**という．

◆ 表 10-1　いろいろな物質の融点，融解熱，沸点，蒸発熱

物質名	融点（℃）	融解熱（kJ/mol）	沸点（℃）	蒸発熱（kJ/mol）
水	0	6.0	100	41
ヘリウム	−272	0.021	−269	0.084
窒素	−210	0.72	−196	5.6
酸素	−218	0.44	−183	6.8
二酸化炭素	−57	8.3	−79	25（昇華熱）
水銀	−39	2.3	357	59
エチルアルコール	−115	4.6	178	44
ナトリウム	98	2.6	880	98
食塩	801	23.6	1413	
鉄	1535	3.6	2754	
金	1064	12.7	2700	311
炭素	3570		4000	

※空白のところは正確な値が決められていない．

例題 10.1

氷 100 g（0 ℃）とドライアイス 100 g（−79 ℃）を同じ条件で加熱して同じ熱量を与えていったら，氷がすべて解けるのとドライアイスが昇華してなくなるのは，どちらが早いか．

解答

水の分子量は18なので，氷 100 g のモル数は

$$\frac{100}{18} \approx 5.6 \text{ mol}$$

になる．氷の融解熱は**表 10-1** より，6.0 kJ/mol なので，100 g をすべて解かすには

$$5.6 \times 6.0 = 33 \text{ kJ}$$

の熱量が必要である．
一方，ドライアイスは二酸化炭素の固体であり，CO_2 の分子量は44なので，100 g のモル数は

$$\frac{100}{44} \approx 2.3 \text{ mol}$$

になる．ドライアイスの昇華熱は**表10-1**より，25 kJ/molなので，100 gをすべて昇華させるには

$$2.3 \times 25 = 58 \text{ kJ}$$

の熱量が必要である．したがって，両方に同じだけの熱量を加えていったら，ドライアイスがなくなる前に氷のほうが先に解けてしまうことになる．

長時間もつということと温度が低いという理由で，食品の保存のためにドライアイスがよく使われるが，残念ながら昇華してしまうので回収して再利用することができず，CO_2として大気に放出されてしまう．少し不便ではあるが，できれば何度も凍らせて使える氷を使ってほしい．

10.3　乱雑さと均一化

温度，圧力，体積の条件を一定に保っておくと，見たところ物質に何も変化が起こっていない状態になる．これを**定常状態**という．後で解説する平衡という現象であるが，ここではその定常状態がどのようにして達成されるかについて考えてみよう．

物質は放置しておいても自ら変化を続け，定常状態へ近づいていく．これを**自発的変化**という．一般に，

自発的変化は乱雑さが大きくなる方向へ進む．

たとえば，冷たい水と熱湯を同じ器に入れて放置すると，熱湯がしだいに拡散していって，最後には中間の温度で空間的に均一になる．濃縮ジュースに水を加えて放置しておくと，しだいに拡散していって濃度が均一のジュースになる．これらの過程では分子の分布が乱雑になる方向に進んでいる．それでは，これが元に戻る，すなわちぬるま湯が水と熱湯に分かれる，ジュースが元の濃縮ジュースと水に分かれるということはあるのだろうか．直感的にわかることだが，そのようなことは起こらない．

これを，分子の集団の統計的な確率で考えることができる．まず，**図10-2**に示したようなモデルを考えてみる．真空に保った容器を2つに仕切り，それぞれの部屋を6つの席に分けることにする．まず最初に，左側の部屋の

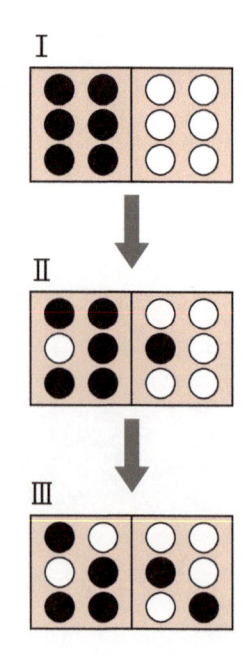

● 図10-2　分子の拡散と均一化

すべての席に分子を詰め（Ⅰ），中央の仕切りを除いてそのうち1個が右側の部屋に移ったとする（Ⅱ）．このⅠとⅡで，場合の数（あるいは状態の数）が何とおりあるかを考えてみる．Ⅰでは，左側はすべて詰まっていて右側はすべて空なので，これについては1とおりしかない．これからⅡの状態へ移るとき，まず左側の6個のうちのどれを選ぶかで6とおり，さらにそれを右側のどの席に移すかによって6とおり，結局ⅠからⅡへ，つまり左側から右側へ分子を1個移す場合の数は6×6＝36とおりあることになる．ここで仮

数学を使おう

順列と組み合わせ nPm, nCm

いま，①から⑥まで番号をつけた6個の球のなかから1個ずつ選び出して並べるのにいくつのやり方があるだろうか．たとえば，④⑥①…，②⑤…などであるが，まず1個目の選び方に6とおり，次の1個は残りの5個から5とおり…と，それらの掛け合わせになる．これを**順列**の数といい，一般にn個のなかからm個を選び出す順列の数nPmは次の式で表される．

$$nPm = n(n-1)(n-2)\cdots(n-m+1)$$
$$= \frac{n!}{(n-m)!}$$

つまり，最初にどの球を選ぶかでnとおり，2つめは残りの球から$(n-1)$とおり，…とm個まで選び出すので，その順番まで区別すると全部で$n(n-1)\cdots(n-m+1)$とおりになる．なお，$n!$はnから1までの整数をすべて掛け合わせることを表し，**階乗**という．

次は，①から⑥まで番号をつけた6個の球のなかから順番をつけずに2個を選び出すのにいくつのやり方があるかを考える．たとえば，④⑥，②⑤などであるが，順列と同じようにまずは6とおり，次の1個は残りの5個から5とおりと，それらの掛け合わせになる．

しかし，④⑥と⑥④とは区別せず1とおりと考えるのでこれを2で割ってやればよい．これを**組み合わせ**の数といい，一般にn個のなかからm個を選び出す組み合わせの数nCmは次の式で表される．

$$nCm = \frac{n(n-1)(n-2)\cdots(n-m+1)}{m(m-1)(m-2)\cdots 1}$$
$$= \frac{n!}{(n-m)!m!}$$

この場合は，まず順列の数と同じように最初にどの球を選ぶかでnとおり，2つめは残りの球から$(n-1)$とおり，…とm個まで選び出すので全部で$n(n-1)\cdots(n-m+1)$とおりになるが，選んだm個のなかで順番をつけるやり方が$m(m-1)\cdots 1 = m!$とおりあり，順番を区別しない組み合わせの数は，これで割ってやればよい．

したがって，まず図10-2の左側の分子が詰まっている6つの席から2つ選ぶ組み合わせの数は$_6C_2 = 15$とおりになり，これを右側の空いている6つの席に詰めるやり方も$_6C_2 = 15$とおりある．したがって，2個の分子を移すやり方は全部で$15\times 15 = 225$とおりある．

定として

その系がある状態をとる確率はすべての場合で同じである．

と考える．すると，中央の仕切りを除いたときに，そのままでいるよりは分子が1個右側に移るほうが確率は36倍大きいことになる．

次に，残りの5つのうちの1つをさらに右に移す場合を考える．このときの場合の数は，左側の部屋の6つの席から2つを選び出す場合の数（これはその2つを区別しないので組み合わせの数という）と，右側の6つのうち2つを選び出す場合の数の積になる．どちらの組み合わせの数も15とおりになって，Ⅲの状態の数は15×15＝225とおりになる．

そうすると，分子が1個右側の部屋に移ってⅡの状態になった後，分子がまた元の右側に戻ってⅠの状態になるよりも，さらにもう1個右側の部屋に移ってⅢの状態になるほうが，225倍確率が高いことになる．

実際の物質ではこの席の数と分子の数はおよそ10^{23}個とこれよりもはるかに大きいので確率の違いも桁違いに大きく，事実上元には戻らないことを意味している．つまり，ぬるま湯が熱湯と冷水に分かれて元に戻ることはない．

数式チェック
階乗　n!

$n! = n(n-1)(n-2)\cdots 1$

正の整数（自然数）nに対して，nから1までの整数をすべて掛けあわせたものを階乗といい，式では$n!$と表す．

数式チェック
順列と組み合わせの数

順列の数

$_nP_m = n(n-1)\cdots(n-m+1)$
$= \dfrac{n!}{(n-m)!}$

1からnまでの番号をつけたn個の球を1つずつ選び出し，m個まで順番に並べるとき，それが全部で何とおりあるかを表す．

組み合わせの数

$_nC_m = \dfrac{n(n-1)\cdots(n-m+1)}{m!}$
$= \dfrac{n!}{(n-m)!m!}$

球の番号の順番を区別せずにm個を選び出すとき，それが全部で何とおりあるかを表す．

例題 10.2

図10-2の系で左側の部屋から右側へ分子をn個（$n=0, 1, 2\cdots 6$）移したときの場合の数をすべて求め，その状態をとる確率を考察せよ．

解答

左側の部屋から右側へ分子をn個（$n=0, 1, 2\cdots 6$）移したときの場合の数W_nは

$$W_n = (_6C_n)^2 = \left\{\frac{6\cdot 5\cdots(6-n+1)}{n!}\right\}^2$$

で求められる．これに$n=0, 1, 2\cdots 6$を入れて計算すると

$W_0 = 1, \quad W_1 = 36, \; W_2 = 225, \; W_3 = 400,$
$W_4 = 225, \; W_5 = 36, \; W_6 = 1,$

となり，グラフにすると図10-3のようになる．これから，最も場合の数が大きいのは6個のうちの半数の3個を移したときであり，分子が空間的に均一に分布する確率が最も高いということになる．

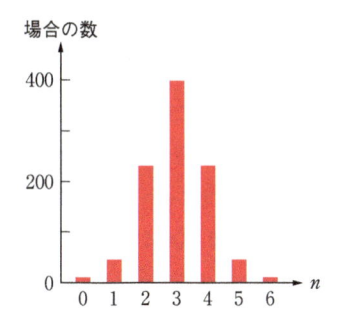

●図10-3　n個分子を移したときの場合の数

10.4　エントロピー

このように，物質の自発的な変化はその状態での場合の数が大きくなる方向に進む．まずは，分子の数が6個のときを例にとって場合の数Wを計算したが，実際の物質では10^{23}個程度になるので，Wは天文学的に大きな値になる．そこで，取り扱いが容易になるようにその対数をとって

$$S = a \log W$$

を用いる．これを，**エントロピー**（entropy）という．この式を使うと，状態の場合の数が10倍になったらエントロピーの値はaだけ大きくなる．aの値は定められているが，複雑なのでここでは触れない．最終的な結論として，

自発的な変化が進む方向はエントロピーの値が大きくなる方向である．

これを，「**エントロピー増大の法則**」とよんでいる．エントロピー，すなわち場合の数が増えるのは物質での乱雑さが増して均一になることに対応しているので，エントロピーはこの乱雑さの度合いを示していると考えてよい．物質は，一定の条件のまま放置しておくと，できるだけ乱雑さを増すように変化する．

10.5　ボルツマン分布

物質には自発的な変化があって，放置しておくと乱雑さが増して均一化することはすでに解説した．しかし，分子のエネルギーは均一にはならず，1個1個の分子のエネルギーはそれぞれ異なる値をとっている．それでもあるエネルギーの値Eをもつ分子の数$N(E)$は決まっていて，次の式で表される．

● **数式チェック** ●

エントロピー

ある状態をとる場合の数をWとすると，系の乱雑さを表すエントロピーの値は

$$S = a \log W$$

で与えられる．Wが10から100になったら$\log W$の値は2から3になり，Sの値は$2a$から$3a$へとaだけ大きくなる．

考え方のヒント

場合の数と乱雑さ

1個の分子がいろいろな位置や方向，エネルギーをとりうると，その状態の場合の数は多くなる．たとえば，スペースが広がったら分子がいられる位置も多くなり，この分子はここだけにいるというような規則性がなくなる．これを乱雑さが増すという．分子の方向やエネルギーについても同じで，最初は揃っていたとしても放っておくとばらばらになり，しだいに乱雑さが増していく．

10章 状態変化

> ● 数式チェック ●
>
> **ボルツマン分布**
>
> $N(E) = a10^{-b(E/T)}$
>
> 高いエネルギーをもつ分子の数は，温度が一定であればエネルギーとともに同じ割合で減少する．温度が高くなると，高いエネルギーをもつ分子の数が増える．b の値はエネルギーを kJ/mol で表すと -0.052 になる．

$$N(E) = a10^{-b(E/T)}$$

これを**ボルツマン分布**という．この式は，粒子の総数と全体のエネルギーを一定にしたときエントロピーの値が最大になるような分布を求めることで導かれる．横軸に分子のもつエネルギー，縦軸に分子数をとってこのボルツマン分布をグラフにしたのが**図 10-4**である．分子の数はエネルギーが大きくなるとともに指数関数的に少なくなっていく．つまり，エネルギーが 2 倍，3 倍，4 倍と増加していくと，その大きさのエネルギーをもつ分子の数はたとえば 1/2，1/4，1/8 と同じ割合で減少していく．空気中の酸素分子は平均として毎秒 500 m の速度で運動しているが，多くの分子の速度はそれよりかなり小さく，一部の分子はそれよりも何倍も大きな速度で運動している．温度が高くなるとこの速く運動している分子の数が相対的に大きくなり，逆

エントロピーの減少と仕事 　Column

　一定の条件で放置された物質の状態は乱雑な方向へ変化し，エントロピーは増大します．しかし，よく考えてみると乱雑な状態から秩序立った状態への変化というのもあり，われわれはそれを広い用途で活用しています．

　食塩水を加熱して煮詰めると，水は完全に蒸発して水蒸気になり，あとに固体の塩化ナトリウム（NaCl）が残ります．この場合，均一に混じり合った 2 つの物質が分かれるわけですから，エントロピーは明らかに減少しています．また，溶解度最大まで溶かした食塩水（飽和食塩水という）を冷却すると，きれいな NaCl の結晶ができます．結晶の中では原子はきちんと単位格子に従って並べられているので，この場合もエントロピーは減少しています．

　このような例はエントロピー増大の法則に反しているように思われるのですが，実はそのために外部から何らかの形で仕事あるいはエネルギーを与えています．ここで仕事というのは，何らかの力を加えて圧力や体積を変化させることであり，エネルギーは熱や電気などのことです．物質の状態を秩序化するためには，自発的な変化ではなくこちらから働きかけをしなければなりません．食塩水の水を蒸発させるには加熱して熱を与え，溶液から結晶をつくるためには逆に熱を奪い取るための冷却という仕事が必要です．石油からガソリン，灯油，重油など得るためには，これを加熱して蒸留し，沸点の差を使って分別しなければなりません．

　それでも，化学として物質をコントロールしようとすると，乱雑さが増す方向よりも，秩序立った方向へ進ませることのほうが多いようです．そのためには効率のよい装置を組み上げ，加熱や冷却，圧縮や膨張など，その物質に応じた方法で状態変化をうまく操らなければならないのです．それは地球上でも同じで，水をきれいにするとか消費した酸素を元に戻すとか，環境を保つためにエントロピーを減少させていて，これには太陽エネルギーが巧みに使われています．

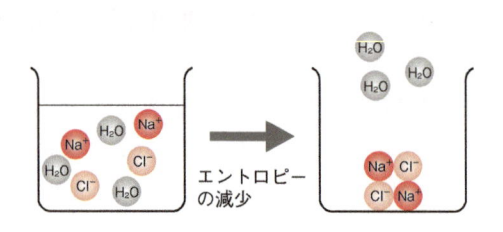

に温度が低いときにはその数が少ないということになる．この分布の変化は**図10-5**に示してある．分子は1秒間に10億回くらい衝突してエネルギーのやりとりをくり返しているが，温度が一定なら全体ではある大きさのエネルギーをもつ分子の数は一定に保たれている．それが，エントロピーが最大になっている状態，すなわち最大確率の状態である．

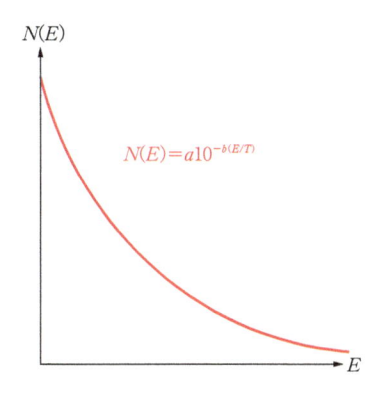

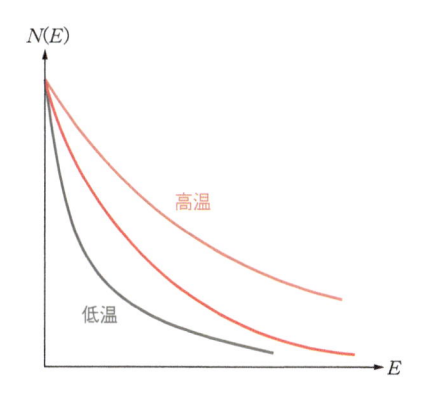

- **図10-4** ボルツマン分布
- **図10-5** ボルツマン分布の温度変化

例題 10.3

室温 300 K では 1000 m/s の速度をもつ酸素分子の割合は，500 m/s の速度をもつ酸素分子に対して 1% である．高温 600 K と，低温 200 K では，この割合はいくらになるか．

解答

ある温度 T で，エネルギー E をもつ分子の数はボルツマン分布

$$N(E) = a\,10^{-b(E/T)}$$

で与えられる．酸素分子の運動エネルギーは速度を v とすると

$$E = \frac{1}{2}mv^2$$

で表される．これを上の式に代入すると，

$$N(v) = a\,10^{-b'(v^2/T)}$$

が得られる．したがって速度 1000 m/s と 500 m/s の分子の数の割合 P は，$\dfrac{10^a}{10^b} = 10^{a-b}$ という関係式を使って，

> **考え方のヒント**
> **両辺の対数をとる**
> 等式 $y = x$ が成り立っているときは，その両辺の対数をとって
> $$\log y = \log x$$
> の等式も成り立つ．よって，もしも，
> $$10^y = 10^x$$
> のような指数どうしであったら，その両辺の対数をとると，
> $$y = x$$
> になる．さらに
> $$10^y = x$$
> のときには次の式が成り立つ．
> $$y = \log x$$

$$P\left(\frac{1000}{500}\right) = \frac{a\,10^{-b'(1000^2/T)}}{a\,10^{-b'(500^2/T)}} = 10^{-b'(1000^2/T - 500^2/T)}$$
$$= 10^{-b'(7.5\times10^6/T)} \tag{式 10-1}$$

となる．問題文から，300 K でこの式の値が 1%（0.01）であるので，

$$= 10^{-b'(7.5\times10^6/300)} = 0.01$$

となり，両辺の対数をとると，

$$-b'(7.5\times10^6/300) = \log 0.01 = -2$$
$$\therefore\ b' = 8\times10^{-5}$$

が得られる．したがって，（式 10-1）にこれを代入すると

$$P\left(\frac{1000}{500}\right) = 10^{-8\times10^{-5}(7.5\times10^6/T)}$$
$$= 10^{-600/T} \tag{式 10-2}$$

となる．（式 10-2）に $T=600$ K を代入すると，

$$P\left(\frac{1000}{500}\right)_{T=600} = 10^{-1} = 0.1$$

と求められる．したがって，$T=600$ K の高温では速度 1000 m/s の分子の数の割合は，500 m/s の分子の数に対して 10 % になる．
逆に低温の $T=200$ K では，同じように（式 10-2）より，

$$P\left(\frac{1000}{500}\right)_{T=200} = 10^{-3} = 0.001$$

が求められ，その割合は 0.1 % に減少する．

10章のポイントと練習問題

□ 構造相転移

気体，液体，固体を物質の三態といい，その間の変化を構造相転移という．分子が引きつけ合う力と，分子の熱エネルギーがどちらが強いかで，どの状態をとるかが決まる．相転移には，融解熱，蒸発熱というエネルギー（熱量）が必要となり，物質ごとに値が決まっている．

➡図 10-1，表 10-1 参照

□ エントロピー

物質は一般に，乱雑さが増大する方向，つまりその状態での場合の数が大きくなる方向に自発的に変化する．その乱雑さの度合いは，場合の数の対数をとった次の式で表され，これをエントロピーという．

$$S = a \log W$$

□ ボルツマン分布

エントロピーが最大，つまり最大確率のときの分子のエネルギー分布を，ボルツマン分布といい，次の式で表される．

➡図 10-4，図 10-5 参照

$$N(E) = a\, 10^{-b(E/T)}$$

問題 10-1 100 g，0℃の氷を解かし，100℃まで加熱してすべて蒸発させるのに全部で何 cal の熱量が必要か．

➡氷を解かす融解熱，0℃の水を 100℃まで上げるのに必要な熱，蒸発熱の値をそれぞれ計算しよう．

問題 10-2 図 10-2 の変化を 6×10^{23} 個の分子について考え，左側から右側へ分子を1個および2個移したときの場合の数がいくつあるかを近似的に求めよ．

➡n が非常に大きいときは $n-1 \approx n$ と考えてよい．

問題 10-3 絶対温度が 300 K のとき，分子の速度 v に対するボルツマン分布は $a=1$ とすると次の式で表される．

$$N(v) = 10^{-8 \times 10^{-5}(v^2/300)}$$

v を横軸に，$N(v)$ を縦軸にとってそのグラフを描け．

➡$N(v)$ の値を $v=0$ から 1000 m/s まで 100 m/s ごとに区切って計算し，グラフ用紙にプロットしてなめらかな線でつなごう．

11章 化学反応

分子は原子どうしの化学結合によってできているが，その化学結合が変化して別の分子になる変化を化学反応という．われわれの生体も多くの化学反応の組み合わせで成り立っているし，新しい物質をつくったり，有用な機能を発現したりするのもすべて化学反応によるものである．ここでは化学反応をいくつかの種類に分類し，反応過程でのエネルギー変化に注目しながら解説する．さらに，よく知られているいくつかの化学反応を取り上げ，そのメカニズムについて考える．

11.1 化学反応の種類

化学反応はバラエティーに富んでいるので，まずはいくつかの種類に分けてみると理解しやすい．ひとつの分類のしかたは，いくつの分子が反応に関与するかで分類する方法である．

(a) 単分子反応

1つの分子のなかで起こる反応を単分子反応といい，**解離反応**と**異性化反応**の2つがある．解離反応の例としては水分子の電離

$$H_2O \longrightarrow H^+ + OH^-$$

p.58「4.6 化学結合のポテンシャルエネルギー」参照

がある．この反応過程はポテンシャルエネルギーの変化を考えるとわかりやすい．

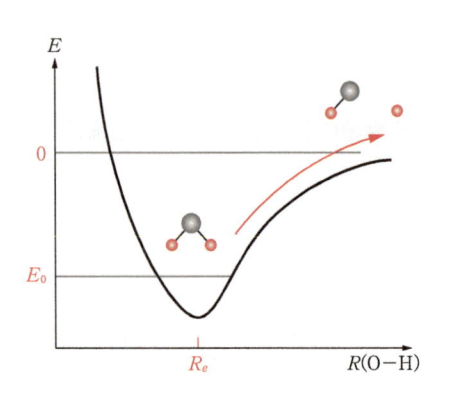

● 図11-1 水分子の解離のポテンシャルエネルギー

図 11-1 は横軸に O–H 結合の長さをとって，水分子のポテンシャルエネルギーの値をグラフにしたものである．水分子の O–H 結合は $R_e=0.096$ nm で一番安定で，ポテンシャルエネルギーは最も小さい．実際の分子は室温で $E_0=20$ kJ/mol くらいの熱エネルギーをもっていて，ポテンシャルエネルギーの極小値よりエネルギーが少し大きい．この水分子に何らかの形でエネルギーを与え，全体のエネルギーが $E=0$ よりも大きくなったら O–H 結合が切れて解離反応が起こる．この解離に必要なエネルギーは 450 kJ/mol くらいで，室温の熱エネルギーよりもはるかに大きいので，たとえば周りに何もない気体の水分子では解離反応は起こらない．ボルツマン分布を考えるとそれくらいの大きなエネルギーをもつ分子がないわけではないが，その割合はきわめて小さいからである．しかし，ほかにもいくつか方法があって，たとえば光を当てたり，放電して電子をぶつけたりすると，大きなエネルギーをもらって水分子は解離する．ところが，液体の水の中では，わずかではあるがいつも解離反応が起こり，H^+ と OH^- が存在している．これは液体の水の特別な構造によるものだと考えられている．つまり，液体ではすぐ隣の別の分子と強く相互作用しているが，水分子は電気的な偏りが大きいため局所的にそれが集中すると大きな力が働く．したがって，その集中点にいる水分子は解離に充分なエネルギーが与えられ反応することができる．

もうひとつの単分子反応は異性化である．たとえばトランス–ブタジエンは高温にしたり光を当てたりすると，その立体異性体であるシス–ブタジエンへと変化する．この反応では C–C 結合軸回りに片方の C=C 結合がくるりと回って起こると考えられ，その角度 θ を反応経路にとったときのポテンシャルエネルギーの変化を示したのが図 11-2 である．シス体はトランス体に比べるとエネルギーが高いが，結合が回る途中の $\theta=90°$ では，その両方よりもエネルギーが高くなる．室温の熱エネルギーではこのバリアーを超

● 数値チェック ●

O–H 結合

結合長　0.096 nm

解離（結合）エネルギー
450 kJ/mol

室温での分子の熱エネルギーは 20 kJ/mol くらいなので解離エネルギーよりはるかに小さい．したがって，通常では水分子の O–H 結合が室温で切れる確率は非常に小さいと考えられる．

考え方のヒント

水の局所構造

液体の中では分子は絶えず運動をして位置や方向を変えている．特に水は，分子どうしの水素結合によって特殊な構造をとっていると考えられている．たとえば，ある瞬間にたまたま多くの O 原子が近づいたようなところができると，H 原子に大きな電気的な力がはたらき，O–H 結合を切ってしまうくらいになる．

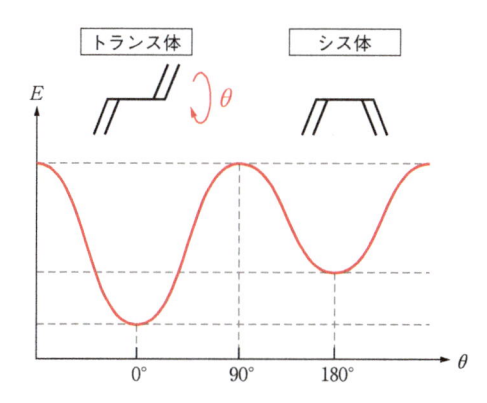

● 図 11-2　ブタジエンの異性化反応のポテンシャルエネルギー

える確率は小さい．しかし，加熱して高温にしたり光を当てたりして大きなエネルギーを与えると，分子がそれを超える確率が高くなり，反応が起こる．

(b) 二分子反応

2つの分子が衝突し，別の分子に変化するのを二分子反応という．図11-3は，最も簡単な二分子反応のひとつで，気体の水素分子（H_2）とヨウ素分子（I_2）が衝突し，そのうちの一部が反応してHI二原子分子ができる反応を描いたものである．

$$H_2 + I_2 \longrightarrow 2HI$$

二分子反応にはいくつかのメカニズムが考えられているが，この反応ではH_2分子とI_2分子が衝突し，短い時間ではあるが特別の構造をもった会合体（これを**反応中間体**という）をつくる（図11-4）．そこで化学結合の組み替えが起こって，HI分子となって離れていく．

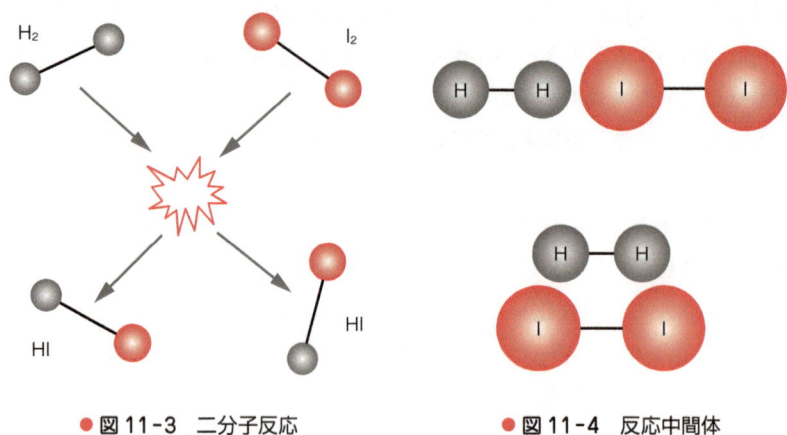

> **考え方のヒント**
> **反応中間体**
> 2つの気体分子が衝突するとき，その相対的な方向や位置はまったくばらばらである．しかし，化学結合が組み換えられて反応が起こるためには2つの分子が特別な形で会合しなければならず，たまたまその形で衝突できたらそこで少しの間安定になり（といっても10^{-10}秒より短い時間であるが），そこから反応が進んでいく．これを反応中間体とよんでいるが，その寿命は非常に短いので実際に観測するのは難しい．

● 図11-3　二分子反応

● 図11-4　反応中間体
下は，反応物の分子H_2とI_2が衝突して会合したもの．

(c) 多分子反応

もっと複雑になって，3つ以上の分子が同時に会合し，別の分子に変化するのを多分子反応という．たとえば，窒素分子（N_2）と水素分子（H_2）からアンモニア（NH_3）ができる反応などがある．

$$N_2 + 3H_2 \longrightarrow 2NH_3$$

これは社会でとても有用なアンモニアを多量につくり出す大事な反応であるが，4つの分子が会合しなければならないし，反応するのに大きなエネル

ギーが必要なので，通常ではなかなか反応しない．実際には高温高圧にしたうえに反応を促進する触媒（11.5節で説明する）というものを使ってこの反応が有効に起こるようにしている．

多分子反応で重要なのが重合反応で，特に二重結合を含む炭化水素からプラスチックなどのポリマーをつくる反応である．たとえば，気体のエチレン分子を数多く鎖状に会合させるとポリエチレンができるし，酢酸ビニルとホルムアルデヒドを重合させると，ビニロンという繊維ができる（図11-5）．多くの分子が一度に会合しなければならないので反応は起こりにくそうに思われるが，触媒を巧みに使って反応を促進させることができる．

➡p.144，コラム「アンモニア合成の触媒」参照

➡p.113「9.4 非晶質（b）プラスチック」参照

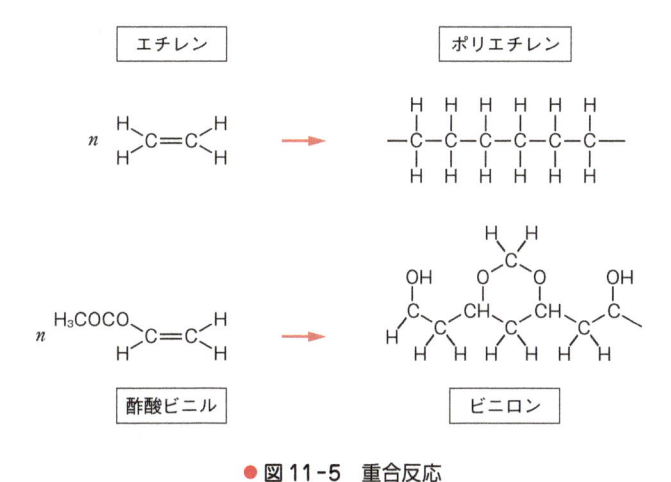

● 図11-5 重合反応

11.2 化学反応とエネルギー

化学反応はなぜ，どのようにして起こるのだろうか．図11-6は，化学反応でのポテンシャルエネルギーの変化を示したものである．この横軸は反応経路であり，具体的な数値を特定することはできないが，右に行くほど反応が進んでいることを表している．縦軸は反応に関与している分子全体のポテンシャルエネルギーを表す．左側の E_1 は反応する前の物質（**反応物**）のエネルギーである．反応が進んでいくと，多くの場合でエネルギーが高くなって活性な状態へ移行していく．その最大値が E_2 であり，ここは反応物が**生成物**へ変化する切り替わりの状態，つまり反応中間体である．反応が起こるためには，反応物に何らかの形でエネルギーを与え，全体のエネルギーがこの最大値 E_2 を超えなければならない．そのときに必要な最低限のエネルギーは

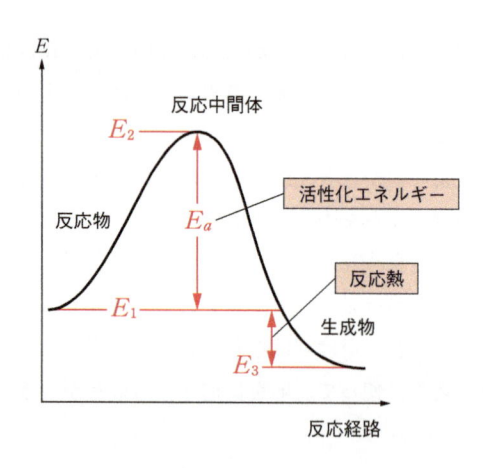

● 図11-6 化学反応とポテンシャルエネルギー

$$E_a = E_2 - E_1$$

であり、これを**活性化エネルギー**という．この大きさはそれぞれの反応に固有の値であり、それによって反応が起こりやすいかそうでないかが決まる．この E_a のバリアーを超えることができたら、エネルギーを放出して失活し、安定な生成物へと移行する．このときの反応物と生成物のエネルギー差

$$E_r = E_1 - E_3$$

を**反応熱**という．その値は反応によって異なるが、もし生成物のエネルギーが反応物より小さかったら（$E_3 < E_1$）、反応によって生じるエネルギーが熱として放出される．このような反応を**発熱反応**という．逆に、$E_3 > E_1$ であったら、反応によって熱が吸収され、これを**吸熱反応**という．

数式チェック

活性化エネルギーと反応熱

活性化エネルギー
$E_a = E_1 - E_2$

反応熱
$E_r = E_1 - E_3$

$E_3 < E_1$ のときは発熱反応
$E_3 > E_1$ のときは吸熱反応

11.3 化学反応の速さ

化学反応でたいせつなのは、その反応が起こりやすいのか起こりにくいのかということである．その目安として、反応物（または生成物）の量が全体として1秒間にどれくらい変化していくのかという**反応速度**を考える．その値は反応によってさまざまであり、速いものは瞬くうちに、遅いものは何年もかかったりする．ただ、反応速度はいろいろな工夫をすることによって変えることができ、その方法を見つけて反応をコントロールするのが化学の醍醐味である．

多くの場合、反応が起こるためにはエネルギーのバリアーを超える．つまり、全体のエネルギーが活性化エネルギーより大きくならなければならない．

考え方のヒント

反応速度の単位

反応の速さは、1秒間にどれだけの量の分子が反応するか、あるいはどれだけの量の反応物が減少していくかで表す．その単位は反応のメカニズムによって異なるが、通常は毎秒何モル (mol/sec) を使うことが多い．

しかしながら，反応物に何ら工夫をしないで放置しておいても反応はある速度で必ず起きる．それは，反応物のエネルギーはボルツマン分布をとっていて，割合は少ないが非常に高い熱エネルギー（運動エネルギー）をもつ分子が必ずあるからである（**図11-7**）．したがって，温度を上げるとこの高いエネルギーをもった分子の割合が増えるので反応速度が大きくなる．つまり反応物を加熱して温度を上げると化学反応は速く進むようになる．

> **考え方のヒント**
> **反応は必ず起こる**
> ボルツマン分布では，どんなに大きなエネルギーの分子の数もゼロではないので，低い温度でも活性化エネルギー以上のエネルギーをもつ分子が必ず存在する．したがって化学反応は必ず起こる．ただし，多くの反応は低温ではその速さがきわめて小さい．特に石油や石炭などの天然物は地球の中で長い年月をかけて反応が起こってできたものであり，短い時間でつくるのは不可能である．温度を高くしてやると反応速度は大きくなるが，他の反応がもっと速くなって生成物が違ってきてしまう．

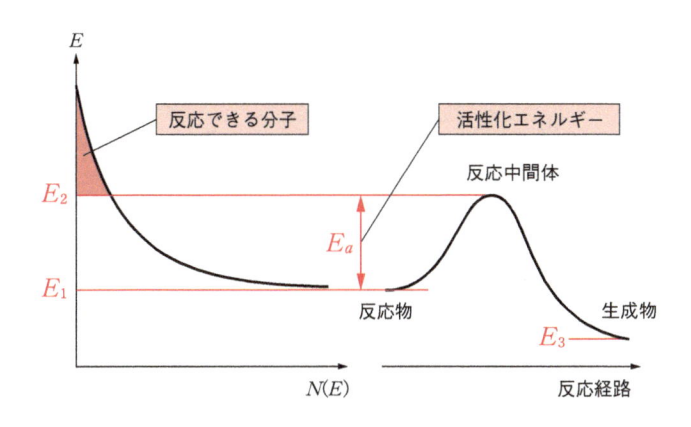

●**図11-7** ボルツマン分布と活性化エネルギー
左は，図10-4の縦軸と横軸を入れかえたもの．$N(E)$はあるエネルギーの値Eをとる分子の数．

この活性化エネルギーを超えることのできる高エネルギーの分子の割合はきちんと計算することができ，最終的に次の関係式を導くことができる．

$$k_r = a\,10^{-0.052(E_a/T)} \qquad (式11\text{-}1)$$

これは，**アレニウスの式**とよばれている．k_rは**反応の確率**（1つの分子に対して反応が起きる確率）を表し，**反応速度定数**とよばれる．aは反応に固有の定数で，決まった値をとる．E_aは活性化エネルギーで，この式ではJ/molを使う．この式は反応の確率が活性化エネルギーと絶対温度の比に指数関数的に減少することを示している．この式を使うと，反応の確率は活性化エネルギーが小さいほど，あるいは温度が高いほど大きくなる．

例題 11.1 A ⟶ Bの反応で，300 Kから400 Kに温度を上げると反応の確率は2倍になった．この反応の活性化エネルギーを求めよ．

> **数式チェック**
> **アレニウスの式**
> 反応の確率を表す反応速度定数は次の式で求められる．
> $$k_r = a\, 10^{-0.052(E_a/T)}$$
> E_a：活性化エネルギー
> T：絶対温度

解答

アレニウスの式（式11-1）から，絶対温度 300 K，400 K での反応速度定数は

$$k_r(300\,\text{K}) = a\, 10^{-0.00017 E_a}$$
$$k_r(400\,\text{K}) = a\, 10^{-0.00013 E_a}$$

となる．その比率が2倍なので，

$$\frac{k_r(400\,\text{K})}{k_r(300\,\text{K})} = \frac{a\, 10^{-0.00013 E_a}}{a\, 10^{-0.00017 E_a}} = 2$$

$$\therefore\ 10^{(0.00017-0.00013)E_a} = 10^{0.00004 E_a} = 2$$

となり，この両辺の対数をとって，

$$0.00004 E_a = \log 2 = 0.30$$
$$\therefore\ E_a = 7.5\,\text{kJ/mol}$$

が得られる．

11.4 単分子反応と二分子反応の進み方

化学反応が毎秒どれくらい起こるかは，活性化エネルギーと温度に依存する．そのほかにも，たとえば二分子反応では2つの分子がぶつかる確率にも比例する．このような効果も含めて反応速度について考えてみよう．

(a) 一次反応

解離や異性化といった単分子反応は1つの分子のなかで起こるので分子の衝突には関係ない．したがって，反応速度は圧力や濃度には依存しない．温度を一定に保ったとき，単分子反応はどのように進むだろうか．この場合分子1個に対する反応の確率はいつも一定であるが，反応が進むにつれて反応物の量は徐々に減っていくので，毎秒反応する分子の量は同じ割合で減少していく．このときの反応物の量 N_r の時間変化を式で表すと

$$N_r = a\, 10^{-0.30(t/t_0)}$$

> **数式チェック**
> **一次反応 A → B**
> $$N_r = a\, 10^{-0.30(t/t_0)}$$
> A の量の時間変化は上の式で表される．t_0 は A の量が半分になるまでにかかる時間で，これを半減期という．

になる．これを **一次反応** という（**図11-8**）．ある反応で t_0 秒経過したら反応物が半分になったとする．このとき t_0 を半減期という．反応物はその後も同じ割合で減少していき，さらに t_0 秒経過する毎に $\frac{1}{2}$，$\frac{1}{4}$，$\frac{1}{8}$ …になる．

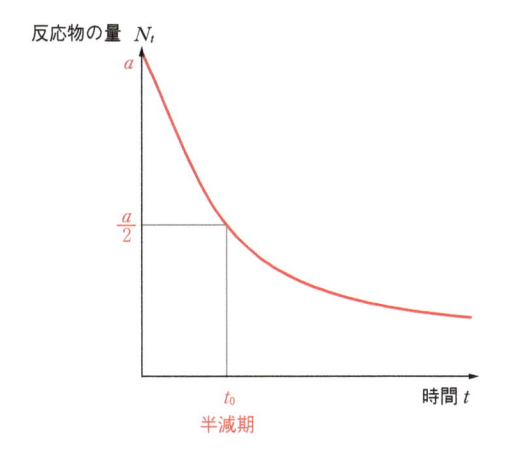

●図 11-8　一次反応の進み方

したがって，反応物がまったくなくなるのには無限の時間がかかる．

(b) 二次反応

二分子反応

$$A + B \longrightarrow C + D$$

ではAとBがぶつかり合って反応が起こるので，反応速度は衝突の確率に比例する．したがって，気体ではAとBのそれぞれの圧力（溶液ではその濃度）に比例し，毎秒どれくらい進むかも最初の圧力（または濃度）に依存する．このような反応を**二次反応**という．その反応の進み方は複雑で簡単な式に書くことはできないが，コンピューターで模擬計算をしてやれば，たとえば半減期がどれくらいかを予測することができる．実際には反応物の量や温度を変えて二次反応をコントロールする．

たとえば，Aに対してBの量を大過剰にしておくと，A分子の周りには常にB分子がいるので，反応の進み方はBの圧力にはほとんど依存しなくなる．このような設定をすると，事実上反応速度を決めるのは衝突の確率ではなく，むしろAとBがどれくらいの時間会合しているか，あるいは結合の組み替えがどれだけ有効に起こるかという反応の確率に依存することになる．このように，いくつかの反応プロセスがあるなかで，1つのプロセスが全体の反応速度を決めている場合がある．そのプロセスを**律速段階**とよぶ．ほとんどの場合，その律速段階で反応の進み方は遅いので，ボトルネック（びんの首みたいに細くなっているという意味）ともよばれる．

考え方のヒント

律速段階

A→B→C→Dといういくつかの段階を組み合わせた反応があるとき，Dができる反応速度はどうなるだろうか．もしどれかの段階で反応速度が著しく小さければ，結果的にDができる速さもそれと同じになる．これを律速段階という．たとえば，太さが均一でないパイプを通して水が流れるとき，1秒間あたりの流量は最も細いところをどれくらい流れるかによって決まる（ボトルネック）．身近な例として車の通行量を考えると，どんなに走行スピードが速くても，一定時間内の車の通行量は交差点を通過できる車の台数で決まる．交差点では徐行したり曲がったりするので速度が遅くなり，それ以上の速度で走行していた車も交差点の手前で渋滞してしまう．

11.5 触媒

このように，化学反応の進み方にはいくつかの因子があり，そのなかには必ず律速段階があって，化学反応が有効に進まないことが多い．これを助けるのが触媒である．触媒は，それ自体が反応に参与することはないが，何らかの効果で反応を促進する便利な物質である．

反応がうまく進まない要因として

①温度に対して活性化エネルギーが大きい．
②分子が会合している時間が短くて，反応が起こるのに十分でない．
③反応中間体で反応が進む効率が悪く，元の反応物に戻ってしまう．

などが考えられる．これらが原因で反応速度が小さくなっているとき，触媒はそれを解消するような効果をもつ．それを表したのが図11-9である．

多くの場合，触媒には活性化エネルギーを小さくする働きがあると考えられている．アレニウスの式でわかるように，活性化エネルギーが小さくなると反応速度定数はかなり大きくなる．そこで，この効果をもつ触媒を加えると反応は著しく進むようになる．

ほかにも，ある種の触媒は細かく見ると特別な形状をもっていて，特定の分子だけが長時間隣り合っていられる構造になっている．たとえば触媒の中にAとBがうまく捕らえられるような凹みがあったり，電気的な力で2つを引きつけやすい構造になっていたりして，これで反応の確率は飛躍的に向上する．

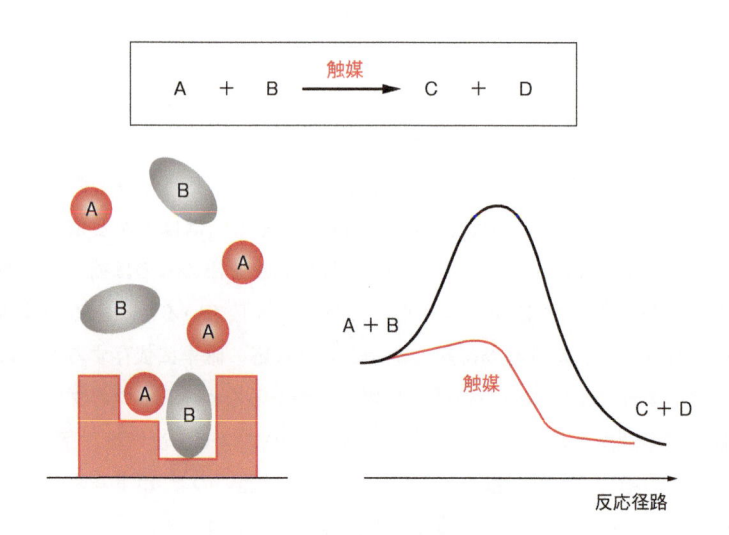

● 図11-9　触媒の働き
左の図は，触媒の特別な形状によって反応物の分子が長時間隣り合っていられるようすを表す．右のグラフでは，触媒の働きによって活性化エネルギーの値が小さくなっている．

最近では，きわめてすぐれた性能をもつ触媒が開発され，特定の反応物から生成物への変化が高い効率で一方的に起こったり，いくつかの反応プロセスのうちの1つだけが促進され，ただ1種の生成物だけを選択的に合成したりすることも可能になっている．

例題 11.2

A ⟶ B の反応の活性化エネルギーは 30 kJ/mol である．この反応の速さを室温 300 K のときの 10 倍にするためにはどれくらいの温度にしなければならないか，アレニウスの式を使って計算せよ．また，ある触媒を加えるとこの活性化エネルギーが2分の1になる．この触媒を加えたときの反応の室温 300 K での反応速度定数は，触媒なしのときの何倍になるかを求めよ．

解答

アレニウスの式（式 11-1）から，室温 300 K でのこの反応の反応速度定数は

$$\begin{aligned} k_r(300\text{ K}) &= a\,10^{-0.052(E_a/T)} \\ &= a\,10^{-0.052(3\times 10^4/300)} \\ &= a\,10^{-5.2} \end{aligned}$$

と求められる．これが，温度 T' で 10 倍になったとすると，

$$\begin{aligned} k_r(T') &= a\,10^{-0.052(3\times 10^4/T')} \\ &= a\,10^{-5.2} \times 10 = a\,10^{-4.2} \end{aligned}$$

となる．これから，対数をとって計算すると

$$-0.052(3\times 10^4/T') = -4.2$$

$$\therefore\ T' = \frac{-0.052\times 3\times 10^4}{-4.2} = 371\text{ K}$$

が得られ，反応速度定数を 10 倍にしようとすると 371 K，およそ 100 ℃まで加熱しなければならない．

また，室温 300 K のまま触媒を加えて活性化エネルギーが2分の1になったとすると，そのときの反応速度定数 k_r^C は

$$\begin{aligned} k_r^C(300\text{ K}) &= a\,10^{-0.052(E_a^C/T)} \\ &= a\,10^{-0.052(1.5\times 10^4/300)} \\ &= a\,10^{-2.6} \end{aligned}$$

となる．したがって，触媒を加えて反応速度定数が増加する割合は，

$$\frac{k_r^C(300\text{ K})}{k_r(300\text{ K})} = \frac{a\,10^{-2.6}}{a\,10^{-5.2}}$$

$$= 1 \times 10^{2.6}$$

$$\cong 400$$

となり，この触媒では反応速度定数が400倍になると予測される．

アンモニア合成の触媒　$N_2 + 3H_2 \xrightarrow{Fe} 2NH_3$　Column

　アンモニアを大量に合成するのは20世紀の初めにはとても難しいことでした．N_2分子は安定な三重結合をもつ不活性な分子なので反応の活性化エネルギーはとても大きく，さらにこの反応は気体の四分子反応で，4つの分子が高い確率で会合するためにはとてつもない高温高圧の条件が必要になります．この困難を克服したのが，フリッツ・ハーバーとカール・ボッシュでした．二人は必ずや有効な触媒があると信じ，多くの物質で実験をくり返しました．そしてついに，鉄や酸化アルミニウムや酸化カリウムを含んだ鉄鉱石を反応容器に入れるだけで，圧力20 MPa（およそ200気圧），温度500 ℃でもかなりの効率でアンモニアが生成するのを見い出したのです．その原料となる水素も，メタンと水蒸気から酸化ニッケルを触媒として大量に合成されます．この方法はハーバー・ボッシュ法とよばれ，夢のような触媒反応の例として一躍有名になりました．ハーバーは1918年，ボッシュは1931年にノーベル化学賞を受賞しています．

　この鉄触媒を用いた新しい合成法はその後の世界情勢にきわめて大きな影響をおよぼしました．この方法で大量に得られるアンモニアをもとに多くの穀物肥料がつくられるようになったからです．たとえば，小麦を育てようとすると，窒素を含んだ肥料を十分に供給することが不可欠なのです．そういう意味で，ハーバー・ボッシュ法は「水と石炭と空気からパンをつくる方法」ともいわれ，それ以降，世界の人口は急増します．

　しかしながら，ノーベルの憂いはここでも同じでした．アンモニアは同時に爆薬の原料となる硝酸を大量につくり出し，その後の第一次世界大戦で，ドイツは必要な火薬をすべてこの方法で調達しました．残念なことにハーバーは，実際に毒ガス開発にもかかわってしまい，その後ノーベル賞でいったん名誉を回復したのですが，ユダヤ人だったこともあって，第二次世界大戦を前に不遇の生涯を閉じています．

　触媒を使って社会に役立つ化学反応を発見しようという研究は日本でも急速に発展し，かなりの時が経ちました．2001年にノーベル化学賞を受賞した野依良治博士の受賞理由は「キラル触媒による不斉反応の研究」でした．特殊な触媒を発見して対掌体の片方だけを選択的に合成する画期的な研究で，今では製薬などに広く適用され，多くの生命を救っています．進歩した現代ではこれが悪用されることは決してないと信じたいのですが，それでもやはり化学の平和利用は常に心がけておかなければならないと思います．

フリッツ・ハーバー（1868～1934）

11.6 身近で重要な化学反応

生命機能，環境の保全，高水準の生活と，化学反応はあらゆるところで重要な役割を担っている．あまりにも多いのでそれをすべて学ぶことはできないが，ここではいくつかの反応を例にとって詳しく見てみよう．

(a) 燃焼

火を使うことが文明の源だといわれるが，燃焼は最もたいせつな化学反応のひとつである．たとえば，都市ガス（主成分はメタン）が燃える反応は

$$CH_4 + 2O_2 \longrightarrow CO_2 + 2H_2O + 893\,\text{kJ/mol} \qquad (式11\text{-}2)$$

の気体反応である．+893 kJ/mol というのは反応熱で，反応にともないこの熱が放出されて燃焼のときの発熱になる．しかし，この反応の活性化エネルギーは高く，反応が起こるためにはまず反応物が加熱されて高温になる必要がある．温度が高くなると密度が小さくなって上に上がって炎の中に入り，さらに高温になってエネルギーも速度も増加し，供給されている空気中の酸素分子と衝突しながら反応する．この一連の変化が炎の中でくり返されることによって定常的に燃焼反応が起こる．

生体内で炭水化物が酸素と反応して分解するのも同じ燃焼反応である．しかし，炎のように激しい反応ではなく，身体内の液体中で起こる穏やかな反応である．その反応速度の調節は**酵素**によって巧みに行われ，さまざまな酵素が多くの生体反応で触媒として働いている．

> ● **数値チェック** ●
>
> 燃焼反応
>
> $CH_4 + 2O_2$ の反応熱
> 893 kJ/mol
>
> メタン1モルの燃焼につき 893 kJ/mol すなわち 210 kcal の熱量が得られる（1 cal = 4.2 J）．

例題 11.3 湯船の100リットル (L) の水 (20 ℃) を温度40 ℃にするには最低でも何 m^3 の都市ガスが必要か．

解答

ボイル-シャルルの法則より，20 ℃で気体1モルの1気圧での体積は25リットルなので，$1\,m^3 = 1000\,L$ でのモル数は

$$\frac{1000}{25} = 40\,\text{mol}$$

になる．したがって，都市ガス（メタン）$1\,m^3$ を燃やすとその反応熱は（式11-2）より

$$893 \times 40 = 35{,}700\,\text{kJ} = 8500\,\text{kcal}$$

と求められる.
1 mLの水の温度を1℃だけ高くするのが1 calの熱量だから，100 Lの水の温度を20℃だけ上げるために必要な熱量は

$$100 \times 1000 \times 20 = 2000 \text{ kcal}$$

になる．したがって，その熱量を得るためには

$$\frac{2000}{8500} = 0.24 \text{ m}^3$$

の体積の都市ガスを燃やす必要がある．都市ガスの値段は1 m³あたり約150円なので，1回お風呂を沸かすのに約36円かかる計算になる．実際は沸かすときの効率がそれほどよくないので，その何倍かはかかっていると考えられる．

(b) 光合成

動物は炭水化物を酸素と反応させて熱あるいはエネルギーを得ているが，その逆反応を行っているのが植物の葉緑素である．代表的なのがブドウ糖（グルコース）の合成であり，

$$6CO_2 + 6H_2O \longrightarrow C_6H_{12}O_6 + 6O_2 \quad -2880 \text{ kJ/mol}$$

の反応式で表される．これはかなりの吸熱反応で，反応を起こすためには多くのエネルギーが必要になる（図11-10）．植物の葉緑素は，驚くほど複雑で精密な反応システムを使って太陽光エネルギーを活用し，この反応で養分を得ている．これを **光合成** という．

● 数式チェック ●

光合成

$6CO_2 + 6H_2O \rightarrow$
$C_6H_{12}O_6 + 6O_2$
$\qquad -2880 \text{ kJ/mol}$

実際には多くの反応段階が巧みに組み合わされていて，太陽光のエネルギーが効率よく使われている．

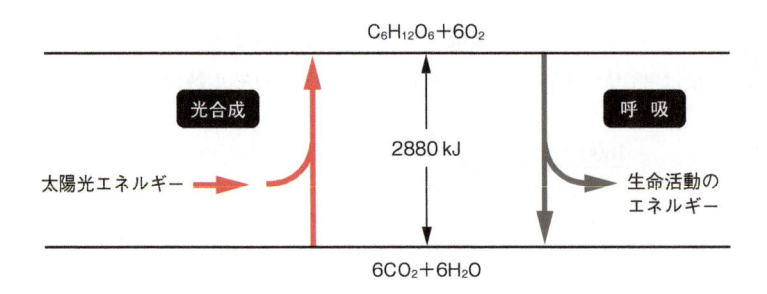

●図11-10 光合成
太陽エネルギーを活用した光合成によってブドウ糖（$C_6H_{12}O_6$）を合成し，呼吸によって燃焼させて生命活動のエネルギーを得ている．

(c) 水の電気分解と燃料電池

　電気のエネルギーは大きいので，多くの化学反応に使われている．純粋な水はわずかに電気を通すが，酸やアルカリを加えるとイオンが増えてさらに電気が流れやすくなり，その電流によって水分子が水素と酸素に分解する．これを**水の電気分解**という．装置はとても簡単で，たとえば，アルカリ物質である水酸化ナトリウムを少し溶かした水溶液に電極を差し込んで電圧（1.7 V 以上）をかけると，陽極（＋）からは酸素（O_2），陰極（－）からは水素（H_2）が気体として発生する（**図 11-11**）．このときの両電極での反応は，電子を e^- で表すと，

陽極（＋） ： $2H_2O + 2e^- \longrightarrow H_2\uparrow + 2OH^-$

陰極（－） ： $2OH^- \longrightarrow \frac{1}{2}O_2\uparrow + H_2O + 2e^-$

となり，反応全体としては

$$H_2O \longrightarrow H_2 + \frac{1}{2}O_2 \ -286 \text{ kJ/mol}$$

という反応式で表され，水分子が H_2 と O_2 に分解している．これは吸熱反応で，電気エネルギーが化学エネルギーに変換されている．

　この反応の逆を行うのが**燃料電池**である．一般に使われているのは，気体の H_2 と O_2 を多孔質の物質を通して接触させ，電気分解の逆の反応

$$H_2 + \frac{1}{2}O_2 \longrightarrow H_2O \ +286 \text{ kJ/mol} \qquad (式11\text{-}3)$$

によって電気を得る方法である．いわば水素の燃焼反応であるのだが，高温で触媒を使うことによって適当な速度で反応を起こし，発熱反応で出てくるエネルギーを電気として取り出せるようにデザインされている．

●**数式チェック**●

燃料電池

$H_2 + \frac{1}{2}O_2 \longrightarrow$
$H_2O \ +286 \text{ kJ/mol}$

水素ガスを酸素（空気）と反応させ，そのときに発生する熱を電気エネルギーとして取り出す．

電気分解

$H_2O \longrightarrow H_2 + \frac{1}{2}O_2$

燃料電池

$H_2 + \frac{1}{2}O_2 \longrightarrow H_2O$

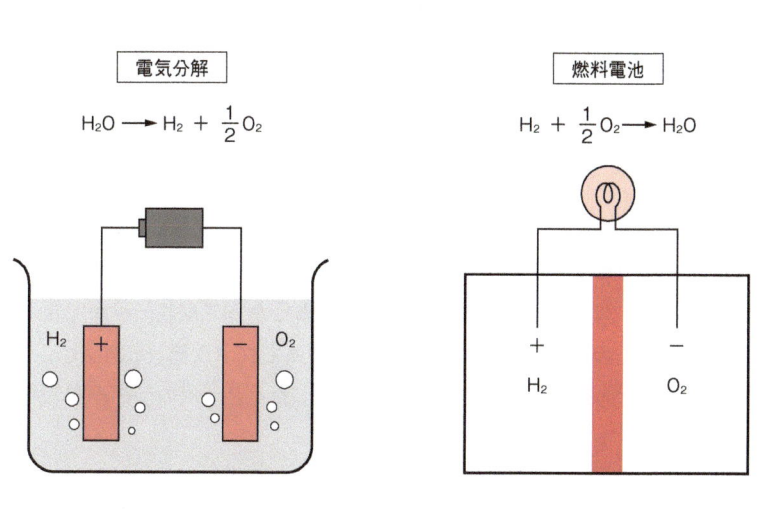

●**図 11-11**　水の電気分解と燃料電池

(d) オゾンの分解

オゾン分子（O_3）は活性で，大気中ではすぐに反応して他の分子に変わってしまうが，低温低圧の成層圏（大気の上方の層）では比較的安定に存在し，これをオゾン層とよんでいる．オゾン自体は毒性物質であるが，オゾン層はとても重要で，われわれにとって有害な紫外線を吸収して地表に届くのを防いでくれている．しかし，近年このオゾン層が破壊され（オゾンホール），深刻な地球環境問題になっている（図11-12）．長年の研究で，その原因は多量に使われ大気中に放出されたフロン（CF_2Cl_2）ガスであることがわかった．地表で放出されたフロンガスは成層圏へと上昇し，紫外線を浴びて解離し塩素原子を生成する．

$$CF_2Cl_2 \longrightarrow CF_2Cl + Cl \qquad (\text{I})$$

この塩素原子は不対電子をもっているので活性で，オゾンと次のように反応する．

$$O_3 + Cl \longrightarrow O_2 + ClO \qquad (\text{II})$$

さらに，この反応で生成した過塩素酸分子 ClO がオゾン分子の紫外光解離で生じた酸素原子と反応し塩素原子に戻る．

$$ClO + O \longrightarrow Cl + O_2 \qquad (\text{III})$$

このように，Cl はくり返し反応に参加し，それが再び（II）の反応でオゾンを分解する．（II）と（III）の反応をまとめ，最初と最後だけを見ると，

$$O + O_3 \longrightarrow O_2 + O_2$$

と表され，フロンガスによって生成する過塩素酸がくり返し反応の引き金となりオゾンが酸素分子に分解されている．このような反応を連鎖反応といい，少量のフロンガスでも多くのオゾン分子が破壊されてしまう．

(e) 発酵

われわれは古い時代から食品の保存や加工のために発酵を利用してきた．これは微生物が起こす化学反応である．発酵のなかにもいくつかの反応があるが，最もよく知られているのがデンプンや糖分からアルコールができる反応である．多くの場合，その原料は酵素によってブドウ糖（$C_6H_{12}O_6$）に変わり，酵母などの微生物を加えて適温に保っておくと，次の反応が起こってエチルアルコール（C_2H_5OH）ができる．

$$C_6H_{12}O_6 \longrightarrow 2C_2H_5OH + 2CO_2 + 213\,\text{kJ/mol}$$

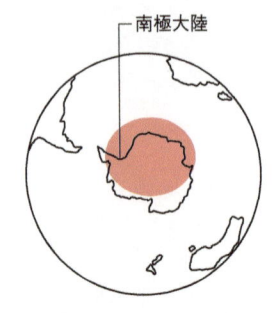

● 図11-12　オゾンホール
南極大陸の上の赤い部分は，2009年10月現在のオゾンホール（気象庁の図をもとに作成）．

考え方のヒント

オゾン分子は活性
オゾン分子は原子価が2のO原子3つからできているので，それぞれが1つ結合をつくって正三角形になればよいような気がするが，実際の分子は二等辺三角形の形をしていて，結合は一重結合と二重結合の中間になっている．これは完全に安定な結合ではないので，オゾン分子は活性ですぐに反応して壊れてしまう．成層圏では温度も圧力も低いので薄い層になって存在できると考えられており，それが有害な紫外線を吸収してわれわれを守ってくれている．

このアルコール発酵は酒類をつくるのに使われている．

最近では，この発酵反応を利用してエチルアルコールを合成し，ガソリンの代わりにエンジンの燃料として使う試みがなされている．原料は主に植物であるのでバイオマス燃料ともよばれている．化石燃料であるガソリンの代わりとして新しいエネルギー供給源になる可能性が高く，注目されている．

> **数式チェック**
>
> **アルコール発酵**
>
> $C_6H_{12}O_6 \rightarrow 2C_2H_5OH + 2CO_2 + 213\,kJ/mol$
>
> 微生物による化学反応はいろいろあるが，人間に有用なものを発酵とよぶ．穀物や果実に酵母を混ぜ，酸素のない少し高温に置くと，ブドウ糖が分解してアルコールと炭酸ガスができる．酵母は酸素がないと呼吸できないので，エネルギーを得るために発熱反応を起こすと考えられている．

環境と化学

ビニール，プラスチック，油脂や炭水化物など，多くの分子が炭素原子を骨格としています．これらを有機分子とよんでいますが，今や数え切れないくらい多くの特色ある分子が合成されています．しかし，そのほとんどが石油を原料としてつくられているのです．特に医療や食品ではプラスチックは欠かせないものになっているので，その原料の石油はたいせつで，これを車の燃料に使っているようでは，将来私たちは質の高い治療も受けられなくなります．それに，車の排気ガスには NO_x，SO_x などの有害物質や CO_2 が含まれ，環境のためにも大きなマイナスです．したがって，石油は有用な有機化合物をつくるために使い，われわれ人類や動植物の生命を守っていかなければなりません．しかし問題は，役に立つ化合物をつくるのに大きなエネルギーが必要で，また，多量の化学廃棄物を出してしまうことです．そこで，もっと効率がよくクリーンな合成法を工夫することはきわめて重要です．そのひとつが「クロスカップリング」です．

実は炭素原子どうしを直接結合させるのはきわめて難しいことでした．そこで，たくさんの研究者が実験をくり返し，その結果，**右図**に示したようにパラジウムの化合物の継ぎ手のような基をアルキル基に付加し，それを結合させた後，化学処理で継ぎ手を除くことで，違う種類のアルキル基を結合させることができる方法が見い出されました．これをクロスカップリングといい，多くの有用な反応が開発されています．その代表が北海道大学の鈴木章博士とパデュー大学の根岸英一博士であり，2010年のノーベル化学賞を受賞しました．2人が見つけた反応はそれぞれ「鈴木カップリング」，「根岸カップリング」とよばれていて，今でも特殊な薬品や液晶材料の合成に役立っています．

このように「有機化学」は日本のお家芸といわれ，多くの若手研究者が日夜努力を重ねているのは誇らしいことです．さらにたいせつなことは，利益ばかりでなく環境のためを考えて最高の反応デザインをする．これが現代の化学者のタスクなのです．

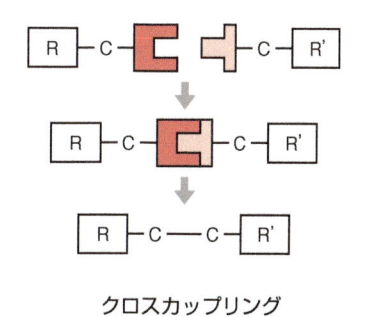

クロスカップリング

11章のポイントと練習問題

□ 活性化エネルギー

図 11-6 参照

反応物が反応中間体を経て生成物に変わるために必要な最低限のエネルギーを活性化エネルギーという．反応物と生成物のエネルギー差を反応熱という．

□ 反応速度

1つの分子に対する反応の確率（反応速度定数）は，アレニウスの式で表せる．

$$k_r = a\,10^{-0.052(E_a/T)}$$

□ 化学反応の進み方

図 11-8 参照

「A ⟶ B」の単分子反応の速度は圧力や濃度には依存しない．一定温度下では時間とともに反応物が減少し（一次反応という），次の式で表せる．

$$N_r = a\,10^{-0.30(t/t_0)}$$

「A + B ⟶ C + D」の二分子反応の速度は，圧力・濃度に依存する（二次反応という）．全体の反応速度を決めているプロセスを律速段階という．

□ 触媒

図 11-9 参照

それ自体は反応に参与しないが，活性化エネルギーを小さくするなどして，反応の速度を大きくする物質を触媒という．

ボルツマン分布の式を用いて，450 kJ/mol と 20 kJ/mol のときの $N(E)$ の比を考え，計算しよう．

問題 11-1 水分子の O−H 結合を解離するためには 450 kJ/mol のエネルギーが必要である．ボルツマン分布 $N(E) = a\,10^{-0.052(E/T)}$（J/mol の値を使う）を考え，室温 300 K で平均の熱エネルギー 20 kJ/mol をもつ分子の割合を1とすると，解離エネルギーと同じ熱エネルギーをもつ分子の割合はいくつになるか．

1リットルの水素ガス（1気圧）のモル数を計算し，（式 11-3）から1分間に発生する熱量を求め，電力に換算しよう．

問題 11-2 室温（300 K）で，毎分1リットルの水素ガス（1気圧）を使って燃料電池で発電すると何ワットの電力が得られるか．ただし，1ワット（W）は1秒間に1ジュール（J）のエネルギーが流れる電力である．

例題 11.2 を参考にして，X 触媒で反応速度が何倍になるかを計算しよう．

問題 11-3 A ⟶ B の反応の確率はアレニウスの式で表され，活性化エネルギーは 30 kJ/mol である．X 触媒は活性化エネルギーを 23 kJ/mol にするのに対し，Y 触媒は活性化エネルギーは変えないが，反応の確率を10倍にする．この反応を 300 K，400 K で行うとき，どちらの触媒がよいかを判断せよ．

12章 化学平衡

物質の状態変化や化学反応自体は非常に速い過程なので，われわれがこれをコントロールするのは難しい．しかし，ほとんどの場合，一定の条件の下に長時間放置されると，一見何も起こっていないようになって定常状態に達する．これを平衡といい，物質をつくるのにも地球規模で環境を保つのにも重要な役割を果たしている．この平衡状態を自在にコントロールするのが化学のたいせつなタスクであるので，平衡定数を使ってきちんと考えてみよう．

12.1 可逆過程と不可逆過程

　物質の状態変化や化学反応で，その逆の過程も有効に起こるときは，それを**可逆過程**という．たとえば，密閉した容器に気体物質を詰め，温度を上げると圧力が高くなるが，温度を下げて元に戻すと圧力も元に戻り，分子自体にはまったく変化は見られない．

　これに対して，一度変化してしまうと元に戻らない過程を**不可逆過程**という．たとえば，メタンが酸素と反応して二酸化炭素と水になったら，そこから再びメタンと酸素に戻すのは難しい．もちろん，二酸化炭素と水を回収して過激な条件で反応させたらそのうちのわずかはメタンになるが，これは可逆過程とはいわない．

　可逆過程では変化が止まっているように見える何らかの平衡状態に必ず達する．これについてきちんと考えてみよう．まずは簡単に，Aという状態の物質がBという状態へ変化する過程を次のように表す．

$$A \underset{k_b}{\overset{k_a}{\rightleftharpoons}} B$$

　ここで，k_a, k_b はそれぞれの方向の変化あるいは反応の速度である．もし，この両方向の変化の速度が等しいと，それぞれの状態の分子の数は一定になる．これが**平衡**（equilibrium）である．AとBの状態の分子の密度（気体では圧力，溶液では濃度）をそれぞれ $[A], [B]$ と表すと，物質全体が平衡に達したとき，$[A], [B]$ は一定になる．その値 $[A]_e, [B]_e$ については次の関係式が成り立つ．

12章 化学平衡

> **● 数式チェック ●**
> **平衡定数**
>
> $A \underset{k_b}{\overset{k_a}{\rightleftarrows}} B$ において
> $k_a = k_b$ のとき
>
> $$K = \frac{[B]_e}{[A]_e} = 一定$$
>
> 右方向と左方向の変化の速度が同じになって，AとBの量が一定になる．

$$K = \frac{[B]_e}{[A]_e} = 一定 \qquad (式12\text{-}1)$$

この K の値を**平衡定数**という．

もし，AとBのエネルギーが同じで，両方向の反応の確率が同じであれば，その平衡はどうなるであろうか（**図12-1**）．1分子に対する反応の確率（反応速度定数）を k_0 とすると右方向への反応速度 k_a がその分子の量，すなわちその密度 [A] に比例して

$$k_a = k_0[A]$$

で表され，逆方向の反応も活性化エネルギーは同じなので反応の確率も同じ k_0 になり，左方向への反応速度 k_b は

$$k_b = k_0[B]$$

となる．平衡が成り立っているときは，この両方向の反応速度が等しいので，

$$k_a = k_0[A]_e = k_0[B]_e = k_b$$
$$\therefore [A]_e = [B]_e$$

となる．つまり2つの状態の分子の数は同じになり，エネルギーが同じ状態の間の平衡では，分子の量が50：50になる．たとえば，不斉炭素を含む対掌体では2つの異性体のエネルギーは完全に等しいので，その割合は50：50になり，この半々の混合物をラセミ体という．

p.65「コラム（不斉炭素と対掌体）」参照

> **考え方のヒント**
>
> **反応の確率と反応速度の違い**
> 反応の確率 k_0 は1個の分子が1秒間にどれくらい反応するかを表す．それぞれの分子に固有で，ある温度では一定の値なので反応速度定数ともいう．反応速度 k_a は，1秒間にどれだけの量の分子が反応するかという値なので，反応の確率に反応物の分子数またはその密度を掛け合わせたもの
>
> $$k_a = k_0[A]$$
>
> になる．

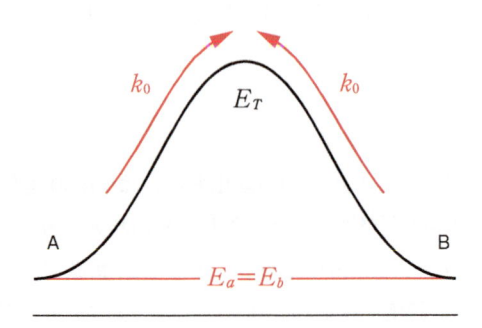

● 図12-1　$E_a = E_b$ の場合の平衡
AとBのエネルギーが同じで，両方向の反応の確率 k_0 が同じ場合を表している．E_T は反応中間体のエネルギー．

例題 12.1

トランス–ブタジエンのエネルギーは，シス–ブタジエンよりも 15 kJ/mol だけ小さい．2 つの間の異性化反応の確率がアレニウスの式で表されるとして，室温 300 K での平衡定数を求めよ．

解答

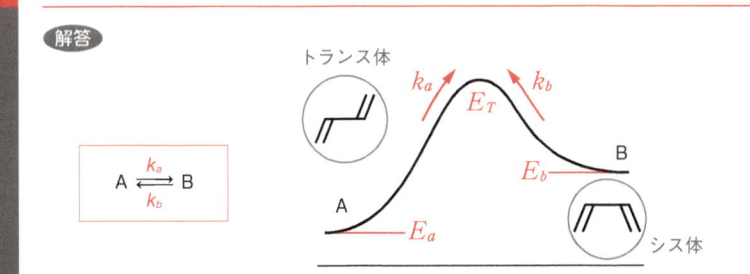

● 図 12-2　ブタジエンの異性体間の平衡

図 12-2 のように表せるこの反応の平衡定数 K は（式 12-1）より

$$K = \frac{[B]_e}{[A]_e}$$

で与えられる．異性化の反応中間体のエネルギーを E_T とすると右方向の反応速度は

$$k_a = a\, 10^{-0.052\{(E_T-E_a)/T\}}[A]$$

となり，逆に左方向の反応速度は

$$k_b = a\, 10^{-0.052\{(E_T-E_b)/T\}}[B]$$

となる．平衡ではこれらが等しくなるので，

$$a\, 10^{-0.052\{(E_T-E_a)/T\}}[A]_e = a\, 10^{-0.052\{(E_T-E_b)/T\}}[B]_e$$

$$\therefore K = \frac{[B]_e}{[A]_e} = 10^{-0.052\{(E_a-E_b)/T\}}$$

いま，$E_a - E_b = 15$ kJ/mol，$T = 300$ K なので

$$\therefore K = \frac{[B]_e}{[A]_e} = 10^{-0.052 \times 15000/300} = 10^{-2.6}$$

$$= 0.0025$$

が得られる．したがって，シス–ブタジエンの割合は 300 K では 0.25% となり，実際にはほとんど存在していないことがわかる．

考え方のヒント

活性化エネルギーと反応の確率

アレニウスの式

$$k_r = a\, 10^{-0.052(E_a/T)}$$

より，反応の確率は，温度が一定であれば，活性化エネルギーが大きくなるとともに指数関数的に小さくなる．

12.2　ル・シャトリエの法則

化学平衡に対してはとても有用な法則があって，それは

「平衡が成り立っている系で，何か条件が変わったらそれを打ち消す方向に平衡が移動する．」

というものである．これを**ル・シャトリエの法則**という．たとえば，ブタジエンのシス-トランスの異性化で温度を高くしたら，平衡はどちらの方向へ移動するだろうか．この場合は，温度の上昇を打ち消す，つまり温度を下げる方向へ移ることになる．トランスからシスへの異性化は吸熱反応で，反応が起こると熱が奪われ温度が下がる．したがって，平衡はシス−ブタジエンが増える方向へ移動する．

> **考え方のヒント**
> ル・シャトリエの法則
> 【圧力を大きくすると】
> 気体の場合は全体のモル数が少なくなる方向へ平衡が移動する．液体や固体では平衡はほとんど移動しない．
> 【体積を小さくすると】
> 全体のモル数が小さくなる方向へ平衡が移動する．
> 【温度を高くすると】
> 発熱反応であれば，その逆反応が進む方向へ平衡が移動する．吸熱反応であれば，その反応が進む方向へ平衡が移動する．

例題 12.2

気体反応 A + B ⇌ C + 100 kJ/mol で，次の (a)〜(c) の変化を与えたら，平衡はどちらへ移動するか．
(a) 体積を一定にして，温度を低くする．
(b) 体積，温度を一定にして，圧力を高くする．
(c) 温度を一定にして，体積を大きくする．

解答

(a) この反応は発熱反応である．したがって，温度が低くなったらそれを打ち消すために熱を発する方向へ，つまり右側へ平衡が移動する．

(b) この反応の左側は A と B の 2 分子があり，右側には C の 1 分子しかない．ボイル−シャルルの法則より，体積，温度が一定だったら分子数が少ないほうが圧力が低いので，圧力が高くなるとそれを打ち消すために圧力を減らす方向へ，つまり右側へと移動する．

(c) 温度一定で体積を大きくすると，ボイル−シャルルの法則より圧力が低くなる．すると，それを打ち消すために圧力を高くする方向へ，つまり左側へ平衡は移動する．

12.3 気液平衡

密閉した容器の中に液体を入れておくと，その一部が蒸発して気体になるが，その逆過程である気体から液体への変化も同時に起こり，気体と液体の間に平衡が成り立つ（図12-3）．

$$\text{A（液体）} \underset{k_2}{\overset{k_1}{\rightleftarrows}} \text{A（気体）}$$

これを気液平衡という．このときの平衡定数は

$$K = \frac{[\text{A（気体）}]_e}{[\text{A（液体）}]_e}$$

になる．液体の密度は圧力に依存せず一定なので，気液平衡が成り立っている場合，気体の密度，すなわち圧力は一定になる．その圧力を蒸気圧（または飽和蒸気圧）という．しかし，液体と気体の間の変化の速度 k_1, k_2 は温度によって変化するので，蒸気圧も温度によって変化し，温度が高くなるほど蒸気圧は高くなる．図12-4は水の蒸気圧を示している．0℃では0.006気圧，20℃では0.023気圧である．したがって，ある温度で蒸気圧いっぱいの水蒸気を含んだまま温度が低くなると，蒸気圧が小さくなって液体へと平衡が移動し，水蒸気が水になって容器の壁に凝結する．冬になって部屋の窓ガラスに水滴がつく現象を気液平衡から考えるとこのようになる．また，蒸気圧が大気圧とつり合うと液体が急激に気体に変化する．これが沸騰であり，その温度を沸点という．水の沸点は，通常の1気圧では100℃である．

考え方のヒント

液体・固体の密度
ボイル-シャルルの法則から，気体の密度は圧力に比例して大きく変わる．しかし，液体や固体ではほとんど身動きできないくらい分子どうしが近づいていて，外部から圧力をかけても体積はほとんど小さくならない．

➡p.124「考え方のヒント（蒸発と沸騰）」参照

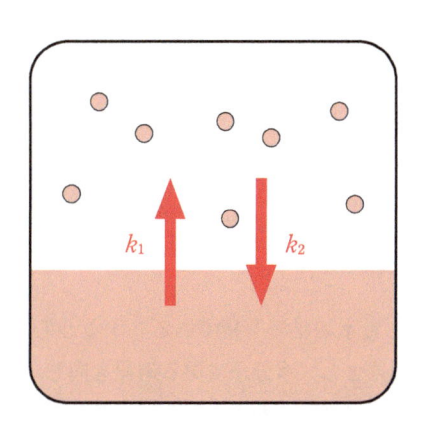

● 図12-3　気液平衡図

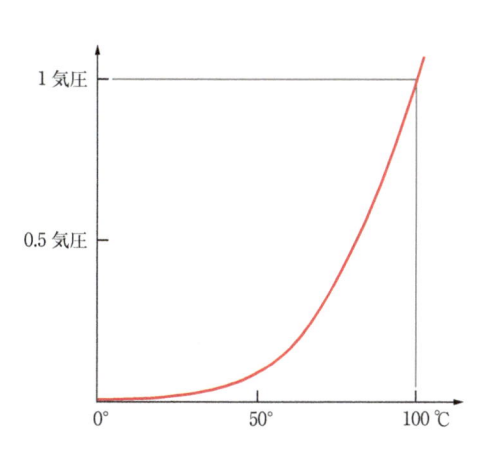

● 図12-4　水の飽和蒸気圧

12章 化学平衡

> **例題 12.3**
>
> 大気の圧力が1気圧よりも低くなったら，25℃での蒸気圧と，沸点の値はどのように変化するか．
>
> **解答**
>
> ある温度での蒸気圧は，そこでの液体から気体，気体から液体への変化の速度で決まるので，大気圧には依存しない．したがって，25℃での蒸気圧は変化しない．しかし，沸点は蒸気圧と大気圧がつり合う温度であり，大気の圧力が低くなったら蒸気圧の低いところ，つまり低温で液体は沸騰する．したがって，沸点は100℃よりも低い値になる．大気圧の低い高地では100℃より低い温度でお湯が沸く．

図 12-4 参照 ◀

12.4 酸塩基平衡

水溶液の酸性，アルカリ性（塩基性）も平衡の典型的な例であり，そのキーポイントは水分子の解離である．

$$H_2O \underset{k_b}{\overset{k_a}{\rightleftarrows}} H^+ + OH^-$$

このような化学反応では，平衡定数の分母は左側のすべての分子，原子の密度の積，分子は右側のすべての分子，原子の密度の積になる．したがって，水の解離の平衡定数 K は

$$K = \frac{[H^+]_e [OH^-]_e}{[H_2O]_e} = 一定$$

と表される．水が解離する割合は実際には非常に小さいので，水自体の濃度の変化は小さく，$[H_2O]$ は定数と考えてよい．したがって，$[H^+]$ と $[OH^-]$ の積も定数になり，精密な測定の結果，

$$K = [H^+][OH^-] = 1.0 \times 10^{-14} \, (mol/L)^2$$

p.103「8.7 ペーハー (pH) ◀ 値」参照

と定められている．これが8章で紹介した水のイオン積である．すなわち，解離反応の確率は非常に小さく，逆に再結合して水分子に戻る過程も同じくらいの速度をもつので，定常的なイオンの濃度はきわめて小さい．これが水の**解離平衡**（あるいは**電離平衡**）である．純粋な水では，

$$[\mathrm{H^+}] = [\mathrm{OH^-}] = 1\times 10^{-7}\,\mathrm{mol/L}$$

になり，そのpH値は

$$\mathrm{pH} = -\log[\mathrm{H^+}] = 7$$

である．これよりも[H$^+$]が大きくなると酸性であり，たとえば塩酸（HCl）を加えるとそれが解離して[H$^+$]が大きくなり，平衡もそちらへ移動する．

環境と化学

地球上での平衡とその移動

地球の表面ではいろいろな平衡が成り立ち，生命が生きていくための良好な状態を保ち続けています．実は，ここ1000年くらい地表の平均温度がずっと同じであったことがわかっています．これを熱平衡として考えてみましょう．

地表は太陽光を吸収して大きな熱量を得ていますが，氷を融解させて，あるいは水を蒸発させてその熱を消費しています．逆に，冷えてきたら水蒸気を水，あるいは水を氷にしてその分の熱を取り出しています．自転軸がずれているので吸収する熱量は季節と場所によって異なりますが，その変化を打ち消す方向へ平衡が移動し，地表の温度のゆらぎをできるだけ小さくしています．

大気の成分，特に酸素と二酸化炭素の濃度を一定に保つのは生命にはとても重要です．酸素はもともとは圧倒的多数で繁栄した植物の光合成によって蓄えられ，今の23%になったと考えられています．やがてほ乳類が現れ酸素を消費し始めましたが，ここ3000年ほどはその濃度は一定の値を保っています．この平衡を保つには，もちろん植物と動物のバランスを取ることが必要です．しかし，近年，人口が急激に増加し，逆に植物の数は減少しています．さらに，人間は地下から掘り出した化石燃料を燃やして二酸化炭素を多量に増加させています．これではまちがいなく平衡は移動します．しかもこの変化は熱平衡にも影響をおよぼしていて，それが地球温暖化なのです．こうして見ると地球の状態が近い将来大きく変わるであろうことは化学の立場からは明白です．

もうひとつの定常状態が循環です．空気，水，有機化合物など多くの化学物質の循環が生命を支えています．実は平衡といっても止まっているわけではなくて，両方向の反応が進み続けていて，ただつり合いが取れているだけです．水の循環も全体としては平衡を保っています．空気中の水蒸気，雲，川，海などの間を水は常に移動していて，一定の量と純度を保っています．地表での水の汚染と悪循環はその平衡を崩してしまいます．

このように，平衡でも定常状態でも一見変化が顕著でないので気づきにくいのですが，やはり化学物質の絶妙なさじ加減が基本になっています．生命にとって最も危険なのは何につけ急激な変化です．私には，地球自体もとてつもない大きな生命体である気がしてなりません．人間はそれに取りつく害虫のようなふるまいを，このままにしていてもいいものでしょうか．もう少し地球を労るという優しさがないと，そのうち居場所がなくなってしまうかもしれません．

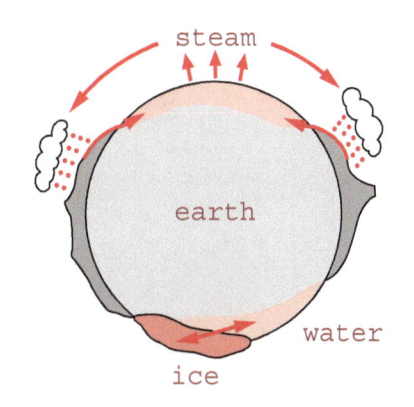

逆に水酸化ナトリウム（NaOH）を加えると [OH$^-$] が増えるのだが，水のイオン積が一定なので [H$^+$] が小さくなって，pH 値は大きくなる．これがアルカリ性（塩基性）であり，これらを含めて**酸塩基平衡**という．イオンの定常的な濃度は平衡定数によって決まっている．

> **考え方のヒント**
> **水溶液中のイオン積**
> 水のイオン積は他の分子を溶かした溶液でも
>
> [H$^+$][OH$^-$]
>   = 1.0×10^{-14} (mol/L)^2
>
> に保たれる．したがって，純粋な水に酸性物質を加えて，たとえば [H$^+$] が 1.0×10^{-7} から 1.0×10^{-4} mol/L に増加したとすると，[OH$^-$] が 1.0×10^{-7} から 1.0×10^{-10} mol/L まで減少する．それは，解離している H$^+$ と OH$^-$ が H$_2$O に戻る反応が進み，OH$^-$ が減少したということである．この反応にともなう H$^+$ の減少は，酸性物質による H$^+$ の増加のほうがはるかに大きいので問題にならない．

例題 12.4

酢酸の解離の平衡定数は $K = 1.8\times 10^{-5}$ mol/L である．食酢は酢酸の水溶液でその濃度は 1 mol/L であるが，そのなかで酢酸分子は何 % 解離しているか．

解答

酢酸は

$$\text{CH}_3\text{COOH} \rightleftarrows \text{H}^+ + \text{CH}_3\text{COO}^-$$

で解離平衡が成り立つ．いま，解離の影響は小さくて酢酸の濃度 [CH$_3$COOH] は一定の 1 mol/L だと考えると，平衡定数は

$$K = \frac{[\text{H}^+]_e[\text{CH}_3\text{COO}^-]_e}{[\text{CH}_3\text{COOH}]_e} = \frac{[\text{H}^+]_e[\text{CH}_3\text{COO}^-]_e}{1}$$
$$= 1.8\times 10^{-5} \quad \text{mol/L}$$

[H$^+$] と [CH$_3$COO$^-$] は酢酸分子の解離から生じているので，水の解離による [H$^+$] の寄与を無視すると等しくなり，

$$[\text{H}^+] = [\text{CH}_3\text{COO}^-] = x$$

とおくことができる．したがって，

$$x^2 = 1.8\times 10^{-5}$$
$$\therefore x = 0.004 \quad \text{mol/L}$$

が得られ，およそ 0.4 % の分子が解離している．

> **考え方のヒント**
> **水の解離による [H$^+$]**
> 1 mol/L の酢酸水溶液で，酢酸分子の解離によって生じている水素イオンの濃度は実際におよそ 4×10^{-3} mol/L であり，水分子の解離による 1×10^{-7} mol/L に比べると 40000 倍くらい大きい．

12章のポイントと練習問題

☐ 平衡定数

Aという状態の物質がBという状態の物質へ変化する過程で，それぞれの方向の変化・反応速度が等しい状態を平衡といい，A，Bの密度 [A] [B] は一定になる．平衡時の値 $[A]_e [B]_e$ について次の関係式が成り立つ．

$$K = \frac{[B]_e}{[A]_e} = 一定$$

このKを平衡定数という．

☐ ル・シャトリエの法則

平衡が成り立っている系では，条件が変わったら，それを打ち消すような方向へ平衡が移動する．

☐ 気液平衡

密閉した容器に液体を入れると，蒸発と凝縮が同時に起こり，平衡が成り立つ．平衡での気体の圧力（飽和蒸気圧）は，温度とともに高くなる．

➡図12-4参照

☐ 水の解離平衡　$H_2O \rightleftharpoons H^+ + OH^-$

水が解離する割合は非常に小さいので，$[H^+][OH^-]$ の積は一定と考えられる．測定の結果，次の値とされ，水のイオン積という．

$$K = [H^+][OH^-] = 1.0 \times 10^{-14}\,(mol/L)^2$$

問題 12-1　ブタジエンのトランス－シスの2つの異性体の間の平衡で，シス体の量がトランス体の10分の1になる絶対温度を求めよ．

➡例題12.1を参考に，平衡定数の式の対数をとって絶対温度を計算しよう．

問題 12-2　0.1 molの酢酸を1リットルの水に溶かしたとき，酢酸分子の何％が解離しているか．

➡例題12.4を参考にして計算しよう．

問題 12-3　地表での酸素と二酸化炭素の量の平衡を保つにはどうすればよいかを考察せよ．

➡p.157「環境と化学」を参考にして，平衡を考えよう．

練習問題の略解

詳しい解答は化学同人ホームページに掲載します.

1章 (p. 21)

問題 1-1 $\dfrac{1}{12.01} = 0.083$ mol, C 原子の数は $0.083 \times 6\times10^{23} = 5.0\times10^{22}$ 個.

問題 1-2 Li 原子の原子核の電荷は +3 であり, クーロンの静電引力は H 原子の 3 倍になる.

問題 1-3 $\nu = \dfrac{c}{\lambda} = \dfrac{3\times10^8}{589\times10^{-9}} = 5.1\times10^{14}$ Hz.

2章 (p. 33)

問題 2-1 図 2-3 の Na, Cl の 3s, 3p の電子配置を描き, Na の 3s 電子を Cl の 3p 軌道へ移せば NaCl の電子配置になる.

問題 2-2 HCl と性質が似た分子としては HF, HBr, HI など, NaOH では LiOH, KOH, RbOH, CsOH など.

3章 (p. 47)

問題 3-1 $\sin\theta = \dfrac{z}{\sqrt{x^2+y^2+z^2}}$, $\sin\varphi = \dfrac{y}{\sqrt{x^2+y^2}}$

問題 3-2 $18 \times 6 = 108$ min. 1時間 48 分.

4章 (p. 60)

問題 4-1 図 4-6 の右側の H 原子の 1s 軌道を負の値 (−) にする. 2 つの原子の中間で波動関数の値は 0 になるので, この軌道は不安定である.

問題 4-2 $\phi_\sigma = \psi_{2pz}(N_A) + \psi_{2pz}(N_B)$, $\phi_{\pi x} = \psi_{2px}(N_A) + \psi_{2px}(N_B)$, $\phi_{\pi y} = \psi_{2py}(N_A) + \psi_{2py}(N_B)$

問題 4-3 C 原子の sp² 混成軌道と O 原子の $2p_z$ 軌道および H 原子の 1s 軌道で σ 結合, C 原子の $2p_x$ 軌道と O 原子の $2p_x$ 軌道で π 結合をつくる. 分子は平面で左右対称になる.

5章 (p. 71)

問題 5-1 $\phi = \phi_1 + \phi_2 + \phi_3 = \psi_{2px}(N) + \psi_{1s}(A) + \psi_{2py}(N) + \psi_{1s}(B) + \psi_{2pz}(N) + \psi_{1s}(C)$

問題 5-2 エクリプス－エクリプス, エクリプス－スタガー, スタガー－スタガーの 3 つ.

問題 5-3 トランス－トランス (2 種類), トランス－シス, シス－シスの 4 つ.

6章 (p. 84)

問題 6-1 1940 m/sec.

問題 6-2 $\dfrac{147}{\sqrt{2}} = 104$ THz.

問題 6-3 ②　③　⑦　⑧　⑩.

7章 (p. 93)

問題 7-1 6.2 気圧.

練習問題の略解

問題 7-2 　3×10^{16} 秒 ≈ 10 億年に 1 回衝突する．
問題 7-3 　3.4×10^{-7} ＝ 340 nm．

8 章 (p. 106)

問題 8-1 　分子量は 46，1 原子分子あたりの体積は 9.1×10^{-29} m^3 である．
問題 8-2 　35100 g ＝ 35.1 kg．
問題 8-3 　省略

9 章 (p. 120)

問題 9-1 　金 1 cm^3 の重さを計算すると 19.3 g になる．実測値も 19.3 g．
問題 9-2 　直径 1.0 mm のヒーターのほうが 4 倍発熱量が大きい．
問題 9-3 　厚さ 10 mm で 1024 分の 1 になる．

10 章 (p. 133)

問題 10-1 　8.0 ＋ 10.0 ＋ 54.6 ＝ 72.6 kcal．
問題 10-2 　1 個の分子を移す場合の数は 3.6×10^{47} とおり，2 個の分子を移す場合の数は 3.2×10^{96} とおり．
問題 10-3 　省略．

11 章 (p. 150)

問題 11-1 　3.2×10^{-75}．
問題 11-2 　190 W（1 分間に 11.4 kJ）．
問題 11-3 　X 触媒を使うと反応の確率は 300 K で 16 倍，400 K で 8 倍になる．したがって，300 K では X 触媒，400 K では Y 触媒のほうがよい．

12 章 (p. 159)

問題 12-1 　780 K．
問題 12-2 　1.3 ％．
問題 12-3 　植物を増やす，化石燃料の燃焼を減らすなど．

さくいん

数字・欧文

1s 軌道	39
1 次結合 →線形結合	
2p 軌道	40
CO_2 →二酸化炭素	
D 体	65
H_2O →水	
H_2S →硫化水素	
LCAO	53
LED	117, 118
L 体	65
MKS 単位	8
N_2 分子 →窒素分子	
NO_x →ノックス	
O_2 分子 →酸素分子	
PET →ポリエチレンテレフタラート	
pH 値 →ペーハー値	
p 軌道	19, 34
p 軌道と p 軌道の共有結合	55
π 軌道	69
π 結合	56
R 体	65
SO_x →ソックス	
sp 混成軌道	45
sp^2 混成軌道	44, 67
sp^3 混成軌道	44, 66
s 軌道	19, 34
s 軌道と p 軌道の共有結合	54
S 体	65
σ 結合	56
X 線	16

あ

アインシュタイン，アルベルト	19
アセチレン [HC≡CH]	45
アボガドロ定数 [N_A]	10, 89
アラニン	65
アルカリ金属	31
アルカリ性（塩基性）	102, 105, 156
アルキル基	113, 114, 117
アルゴン [Ar]	24, 28, 31, 32
ある種の波	18
アルミニウム [Al]	30, 108, 116
アレニウスの式	139, 143, 153
アンモニア [NH_3]	64, 103, 136, 144
イオウ [S]	28, 33
イオン	7, 101
イオン化ポテンシャル	22, 29, 30
イオン結合	50
異性化反応	69, 134
位置エネルギー →ポテンシャルエネルギー	
一次反応	140
陰イオン	7, 30
ウラン [U]	43
運動エネルギー [E_k]	12
運動の自由度	72
永久磁石	116
液化	122
液晶	117
液体	94, 122
液体ヘリウム	98
エクリプス	66
エタン [H_3C-CH_3]	66
エチルアルコール [C_2H_5OH]	99, 148
エチレン [$H_2C=CH_2$]	44, 67, 77, 113, 137
エチレングリコール	98
エネルギー準位	13, 18
エレクトロンボルト [eV]	22, 29, 30
塩化水素（塩酸）[HCl]	54, 103
塩化ナトリウム [NaCl]	28, 50, 100, 102, 107
塩化ビニル	113
塩基性 →アルカリ性	
塩酸 [HCl] →塩化水素	
塩素 [Cl]	9, 28, 31, 54
円筒対称	19, 41
エントロピー	129
エントロピー増大の法則	129
オクターブ則	27
オゾン [O_3]	33, 148
オゾン層	148
オゾンホール	4, 148

か

カーボンナノチューブ	70
会合	64, 142
会合体	64, 102
階乗	127, 128
回転	72
回転軸	62
回転数	81
解離反応	134
（水の）解離平衡（電離平衡）	156
化学エネルギー	147
化学結合	27, 58, 134
化学結合の手	28
化学結合のポテンシャルエネルギー →ポテンシャルエネルギー（化学結合の）	
化学反応	134, 137
可逆過程	151
殻	18
可視光	16
活性化エネルギー	138, 142, 152
ガラス	108, 112
カリウム [K]	31
カリウムイオン [K^+]	102
カルシウム [Ca]	30
カロリー [cal]	73
換算質量 [μ]	75
気圧 [atm]	90
気液平衡	155
気化	122
希ガス	31
気化熱 →蒸発熱	
ギガヘルツ	82
貴金属	111
基準振動	75, 81
気体	86, 122
気体定数 [R]	87
軌道	18, 34

さくいん

希土類	111
キャベンディッシュ, ヘンリー	32
球対称	19
吸熱反応	138
球面極座標	35, 37
キュリー, ピエール	43
キュリー, マリー	43
鏡映面	62
凝結	122
凝固	122
凝固点	123
凝縮体	95
凝縮力	96
共鳴	79, 81
共有結合	50
極性物質	97
キラル分子	65
金 [Au]	51, 108, 111
銀 [Ag]	51, 108, 111
金属結合	51
金属電子(自由電子)	51, 108
空気	58, 81, 86
クーロンの静電引力	11
組み合わせ	127
グラファイト	46, 70
グリセリン	98
クロスカップリング	149
蛍光灯	118
ケイ素 [Si]	30, 46
結合長 →平衡核間距離	
結晶	107
結晶構造	107, 112
ゲルマニウム [Ge]	46
原子	6, 10
原子価	28
原子核	6
原子番号	6
原子量	9, 89
元素	10
元素記号	7
元素の周期律表 →周期律表	
元素名	7
光合成	4, 146
格子定数	109
酵素	145
構造相転移	123
光速	14
氷	112, 124
固化	122

コサイン関数 [$\cos\theta$]	36
固体	107, 122
古典力学	40
混成軌道	43

さ

最外殻電子配置	26
サイン関数 [$\sin\theta$]	36
酢酸 [CH_3COOH]	102
酢酸ビニル	137
砂糖 [ショ糖]	100
サマリウム [Sm]	111
サリドマイド	65
酸塩基平衡	158
三角関数	36
三重結合	45, 56
酸性	102, 105, 156
酸性雨	105
酸素 [O]	23, 26, 28, 30, 33, 51
酸素分子 [O_2]	32, 56, 58, 74, 77, 82
(物質の)三態	122
紫外線	16
仕事	130
シス	68
指数関数	38
シス-ブタジエン	68, 135, 153
磁性	116
質量数	8
質量同位体	8
自発的変化	126, 129
周期表 →周期律表	
周期律表	22, 26
重合反応	113
重水素	8
臭素 [Br]	31, 119
自由電子 →金属電子	
周波数 →振動数	
重量キログラム [kgw]	76, 90
ジュール [J]	73
主量子数	13, 18
シュレディンガー, エルヴィン	19
順列	127
昇華	122, 125
昇華熱	125
蒸気圧	155
硝酸 [HNO_3]	103
衝突回数(気体分子の)	91
蒸発	122

蒸発熱	123
食塩 →塩化ナトリウム	
触媒	137, 142, 144
白川英樹	119
振動	72, 74
振動数(周波数) [ν]	14, 16
振幅	76
親和力	99
水酸イオン [OH^-]	102, 103
水酸化アルミニウム [$Al(OH)_3$]	103
水酸化カルシウム [$Ca(OH)_2$]	103
水酸化ナトリウム [NaOH]	103, 147, 158
水蒸気	95
水素 [H]	7, 8, 11, 13, 18, 23, 26, 27, 30, 31, 51
水素イオン [H^+]	102, 103
水素結合	51
水素分子 [H_2]	52, 136
水溶液	95, 99
スクロース [$C_{12}H_{22}O_{11}$]	100
鈴木章	149
スタガー	66
スペクトル線	13
正四面体	66
正四面体配置	44, 66
生成物	137
正比例	38
生理食塩水	102
赤外線	16, 79, 81
摂氏温度 [℃]	73
絶対温度 [K]	73
セラミックス	108, 115
線形結合	53
線対称	62
総和	53
ソックス [SO_x]	105
存在確率	19

た

大気圧	155
対称三要素	62, 69
対称心	62
対称伸縮モード	74
対称性	61, 74
対掌体	65
体心立方格子 [bcc]	108
対数	104, 132

ダイヤモンド	46
太陽光エネルギー	146
多原子分子	61
多分子反応	136
単位格子	109
炭酸 [H_2CO_3]	103
タンジェント関数 [$\tan\theta$]	36
短周期律表	27
単振動	76
弾性散乱	88
炭素 [C]	9, 26, 43
単分子反応	134
地球温暖化	4, 81
窒素 [N]	26, 28, 32
窒素分子 [N_2]	56, 58, 136
中性	105
中性子	6
長周期律表	27
超流動現象	99
超流動ヘリウム	99
定常状態	126
デカルト座標	35, 37
鉄 [Fe]	30, 116
テラヘルツ	77
電気陰性度	30
電気エネルギー	147
電気素量 [$-e$]	6
電気伝導性	116
電気伝導性プラスチック	119
電球	118
電子	6
電子親和力	22, 29, 30
電子スピン	24
電子対	23
電磁波	14, 118
電子配置	23, 25
電子レンジ	83
点対称	62
電波	16
電離平衡 →解離平衡	
銅 [Cu]	51, 108, 111
等核二原子分子	80
都市ガス	145
徳利	114
ドライアイス	112, 125
トランス	68
トランス−ブタジエン	68, 135, 153
トンネル効果	40

な

ナトリウム [Na]	28, 30, 31
ナノメートル [nm]	8
ナフタレン	112
波の山と谷	35, 52
二原子分子	61, 75, 80
二酸化ケイ素 [SiO_2]	108, 112
二酸化炭素 [CO_2]	4, 50, 58, 79, 81, 112, 125
二次反応	141
二重結合	45, 56, 67
ニトログリセリン	2
二分子反応	136
ニュートン [N]	76
ニュートン, アイザック	19
ニュートンの運動方程式	88
ニューランズ, ジョン	27
ネオジム [Nd]	111
ネオン [Ne]	31
根岸英一	149
熱可塑性樹脂	113
熱硬化性樹脂	113
燃焼	145
粘度	98
燃料電池	147
ノーベル, アルフレッド	2, 144
ノーベル賞	2, 119, 144, 149
ノックス [NO_x]	105
野依良治	65, 144

は

ハーバー, フリッツ	144
ハーバー・ボッシュ法	144
バイオマス燃料	149
波長 [λ]	14
発酵	148
パッシェン α 線	14
発熱反応	138
波動関数	19, 34, 39
波動関数の値の 2 乗	19
バネの強さ	76
バルマー α 線	14
ハロゲン	31
半減期	43, 140
反対称伸縮モード	75
半導体	46, 116, 117
反応速度	138, 143, 152
反応速度定数	139
反応中間体	136, 142
反応熱	138
反応物	137
反比例	38
光の性質	14
ピコメートル [pm]	8
非晶質	108, 112
ビニロン	137
ファンデルワールス力	96
フェノール	115
不可逆過程	151
不活性ガス	24, 31
福井謙一	119
不斉炭素	65, 152
ブタジエン分子	68
不対電子	23, 24, 26, 27
物性	116
フッ素 [F]	26, 31
沸点	123
沸騰	123, 155
沸騰点 →沸点	
ブドウ糖 [$C_6H_{12}O_6$]	146, 148
フラーレン	70
フラウンホーファー, ヨゼフ・フォン	17
フラウンホーファー線	17
プラスチック [樹脂]	108, 113
プランク定数 [h]	14
プロトン	7
フロン [CF_2Cl_2]	4, 148
分子軌道	52
分子軌道の波動関数	52
分子振動	74
分子性結晶	112
分子全体のエネルギー準位	52
分子の回転	80
分子量	89
閉殻構造	26
平衡	151
平衡核間距離（結合長）	59
平衡定数	152
並進運動	72, 73
ペーハー [pH] 値	103
ヘクトパスカル	90
ペットボトル	114
ヘリウム [He]	23, 28, 30, 31
ベリリウム [Be]	26
変角モード	75

さくいん

偏光	118
ベンゼン [C₆H₆]	69
ボイル-シャルルの法則 [$PV=nRT$]	3, 87, 145
放射性元素	43
放射性廃棄物	4, 43
放射線	16
ホウ素 [B]	26
飽和蒸気圧 →蒸気圧	
ボーア半径	8
ボッシュ, カール	144
ポテンシャルエネルギー（化学結合の）	59, 134
ポテンシャルエネルギー（化学反応の）	137
ポテンシャルエネルギー（電子の）[E_p]	13
ポテンシャルエネルギー（分子間の）	97
ボトルネック	141
ポリアセチレン	119
ポリエチレン	113, 137
ポリエチレンテレフタラート [PET]	115
ポリカーボネート	115
ポリプロピレン	113
ポリマー	113, 137
ボルツマン定数 [k]	73
ボルツマン分布	130, 135, 139
ホルミウム [Ho]	111
ホルムアルデヒド	137
ボルン, マックス	19

ま

マイクロ波	83
ミクロン [μm]	8
水 [H₂O]	33, 42, 50, 51, 54, 61, 63, 74, 82, 134, 147
水と油	99
水のイオン積	103, 156
水の電気分解	147
ミリバール	90
メタン [CH₄]	44, 66, 145
メチル基 [CH₃]	66
メラミン	115
面心立方格子 [fcc]	108
面対称	62
メンデレーエフ, ドミトリ	22
モデル	86, 96, 107
モル [mol]	9

や

融解	122
融解熱	123
有機 EL	117
有機化学	149
融点	123
ユウロピウム [Eu]	111
陽イオン	7, 30
溶液	99
溶解度	99
陽子	6
ヨウ素分子 [I₂]	136

ら

ライマンα線	13
ラザフォード, アーネスト	10
ラジアン	35
ラジオ波	16
ラセミ体	65, 152
ラムゼー卿	32
乱雑さ	126, 129
リチウム [Li]	24, 31
律速段階	141
立体異性体	66, 68
硫化水素 [H₂S]	33
硫酸 [H₂SO₄]	103
量子力学	40
リン [P]	32
ル・シャトリエの法則	154
レアアース	111
レイリー卿	32
レーザー	117
レナード-ジョーンズポテンシャル	97
錬金術	3

著者略歴

馬場　正昭（ばば　まさあき）

1955年，福岡県生まれ．京都大学名誉教授．京都大学大学院理学研究科修士課程修了．神戸大学理学部助手，京都大学教養部助教授，同大学総合人間学部助教授，京都大学大学院理学研究科化学専攻教授などを歴任．専攻は，物理化学，レーザー分子分光．理学博士（京都大学）．

教養としての基礎化学
身につけておきたい基本の考え方

第1版　第1刷　2011年4月20日	著　者　馬場　正昭
第7刷　2024年3月20日	発行者　曽根　良介

発行所　㈱化学同人

〒600-8074 京都市下京区仏光寺通柳馬場西入ル
編集部 TEL 075-352-3711　FAX 075-352-0371
営業部 TEL 075-352-3373　FAX 075-351-8301
　　　　　　　　　　振　替 01010-7-5702
e-mail　webmaster@kagakudojin.co.jp
URL　https://www.kagakudojin.co.jp

印刷・製本　㈱ウイル・コーポレーション

検印廃止

JCOPY 〈出版者著作権管理機構委託出版物〉
本書の無断複写は著作権法上での例外を除き禁じられています．複写される場合は，そのつど事前に，出版者著作権管理機構（電話 03-5244-5088, FAX 03-5244-5089, e-mail: info@jcopy.or.jp）の許諾を得てください．

本書のコピー，スキャン，デジタル化などの無断複製は著作権法上での例外を除き禁じられています．本書を代行業者などの第三者に依頼してスキャンやデジタル化することは，たとえ個人や家庭内の利用でも著作権法違反です．

Printed in Japan　© Masaaki Baba 2011　無断転載・複製を禁ず
乱丁・落丁本は送料小社負担にてお取りかえします．

ISBN978-4-7598-1458-3